内陆分散式风电并网检测与运行

沈阳武　主编

内 容 提 要

内陆分散式风电是实现风能资源就近分散消纳和高效利用的重要手段。分散式风电并网规模的不断增长对电网有功频率控制、无功电压调节、电能质量控制等提出了更高要求，给电网调度运行带来了新的挑战。风电并网检测与性能提升技术是提高风电涉网性能、实现风电友好并网和网源协调优化运行的重要措施。本书重点阐述内陆分散式低速风电的并网检测方法和提升分散式风电并网性能的运行控制技术。

本书共8章，分别介绍了内陆分散式风电发展现状；内陆分散式风电场电能质量检测与评估及实际案例；内陆分散式风电场功率控制能力检测与评估及实际案例；内陆分散式风电场SVG调节性能检测与评估及实际案例；内陆分散式风电场电能质量改善调试技术与工程应用；内陆分散式风电场无功/电压调节能力提升技术与工程应用；内陆分散式风电远程智能检测平台和内陆分散式风电并网检测一体化管理系统。

本书可供从事风电并网控制和并网性能检测的相关运维、科研、运行、管理工作的人员参考和借鉴，也可作为高等院校相关专业的教师及研究生的参考用书。

图书在版编目（CIP）数据

内陆分散式风电并网检测与运行／沈阳武主编．—北京：中国电力出版社，2021.2
ISBN 978-7-5198-5414-0

Ⅰ．①内… Ⅱ．①沈… Ⅲ．①风力发电 Ⅳ．①TM614

中国版本图书馆CIP数据核字（2021）第035556号

出版发行：中国电力出版社
地　　址：北京市东城区北京站西街19号（邮政编码100005）
网　　址：http://www.cepp.sgcc.com.cn
责任编辑：娄雪芳（010-63412375）柳　璐
责任校对：黄　蓓　王海南
装帧设计：郝晓燕
责任印制：吴　迪

印　　刷：三河市万龙印装有限公司
版　　次：2021年2月第一版
印　　次：2021年2月北京第一次印刷
开　　本：787毫米×1092毫米　16开本
印　　张：7.75
字　　数：159千字
印　　数：0001—1000册
定　　价：48.00元

编　委　会

主　　编　沈阳武

编写人员　梁利清　张　坤　沈非凡　陈　浩　左　剑
帅智康　李　勇　邓小亮　宁志豪　王　灿
张宇舟　崔　挺

前　言

发展风电是实现我国能源结构优化调整的重要手段。近年来，我国风电开发模式已转变为集中式与分散式协调发展的新模式，内陆分散式低速风电得到了迅猛发展。随着风电装机在电力系统中所占的比例不断增长，对电网有功频率控制、无功电压调节、电能质量控制等提出了更高要求，给电网调度运行带来了新的挑战，风电对电网的影响从局部电网逐渐扩大到主网。近年来，风电机组脱网事故时有发生，随着风电并网容量的增大，这种影响日趋严重。一个风电场集电系统中常见的小故障或附近电网短路故障引起的系统电压波动，就会造成大规模风电机组脱网。如果这种故障趋势持续发展下去，将会导致局部电网瓦解，甚至扩大为大面积停电事故。因此，加强风电场并网检测和提升风电涉网性能是实现风电友好并网和保证电网稳定运行的重要举措。

国网湖南省电力有限公司电力科学研究院是国内最早系统性开展内陆分散式风电并网检测和评估工作的单位。本书将结合国网湖南省电力有限公司电力科学研究院在风电并网检测评估与并网运行管理中的大量实践工作，系统性总结与提炼内陆分散式风电场并网检测过程中的检测方法、常见问题、评估方法与实际案例，以及并网运行过程中提升风电并网性能的工程化关键技术、支撑运行装备与典型工程应用案例。

全书共 8 章，第 1 章介绍了内陆分散式风电发展现状；第 2 章介绍了内陆分散式风电场电能质量检测与评估及实际案例；第 3 章介绍了内陆分散式风电场功率控制能力检测与评估及实际案例；第 4 章讨论了内陆分散式风电场 SVG 调节性能检测与评估及实际案例；第 5 章介绍了内陆分散式风电场电能质量改善调试技术与工程应用；第 6 章简单讨论了内陆分散式风电场无功/电压调节能力提升技术与工程应用；第 7 章简单介绍了内陆分散式风电远程智能检测平台；第 8 章简单介绍了内陆分散式风电并网检测一体化管理系统。

本书由沈阳武博士担任主编，梁利清高级工程师、张坤博士、沈非凡博士、陈浩高级工程师、左剑博士、帅智康博士、李勇博士、邓小亮高级工程师、宁志豪博士、王灿博士、张宇舟高级工程师、崔挺博士参与编写。同时，本书研究工作得到了国网湖南省电力有限公司科研项目资助，在此表示感谢。此外，本书还参考了一些已公开发表的研究成果和网络资料，在此对这些成果涉及的作者和刊物一并表示感谢。

限于编者水平，且能源科学发展迅速，创新不断，书中若有疏漏之处，诚恳欢迎读者批评指正。

编者

2021 年 4 月

目　　录

1　内陆分散式风电发展现状

当前全球能源危机日益加重，各国都在致力于新能源的开发与利用，风能以其清洁、可再生的优势备受关注，正在经历从补充能源、替代能源到主体能源的发展阶段。近年来，我国风电建设迅猛，2020 年并网量达到 2.2 亿 kW，居世界第一位，风电占全网容量的比例不断升高，已达到 10%左右。目前，我国风电以大规模风电开发为主，风电主要分布在西北部和东北部等偏远或经济欠发达的风资源丰富地区。然而，这种模式存在诸多弊端，风电作为间歇式电源具有波动性和随机性，这会造成并网难、消纳难和弃风量大，并且由于这些风电场大多处在偏远地区，经济发展比较落后，当地负荷量小，本地消纳风电体量小，因此需要把多余的风电远距离输送到东南沿海等经济发达的地区。风电的远距离输送网损大且易发生大规模风电脱网事故，对风电并网、电网稳定运行以及经济调度构成巨大挑战。

一般情况下，平均风速小于 6m/s 的地区即可归类为低风速地区。我国风能资源丰富，低风速地区可利用的风能资源占我国总风能资源的比例高达 68%，而且这些风速较低的地区通常位于靠近负荷中心的内陆地区，风能转化的电力资源更容易被直接消纳。

“十三五”阶段，内陆分散式低风速地区风能资源开发利用面临良好发展机遇。国务院办公厅发布了《能源发展战略行动计划（2014—2020 年）》，提出要以南方和中东部地区为重点，大力发展分散式风电，鼓励充分开发和利用内陆风能资源，因地制宜建设中小型风电场，提升清洁能源在当地电力消费中的比重。2014 年 12 月 31 日，国家发展改革委发布了陆上风电上网电价调整结果，将前三类风能资源区的风电标杆上网电价每千瓦时降低 2 分钱，调整后的标杆上网电价分别为 0.49、0.52、0.56 元，而第四类资源区（低风速地区）标杆上网电价维持现行每千瓦时 0.61 元不变，电价优势明显。《风电发展“十三五”规划》提出“集中与分散并重”的开发原则，即在东北、西北等风能资源富裕区有序建设集中式风电项目，打造大风电基地，实现跨区并网输送；在中东部和南部等内陆地区发展小规模分散式风电项目，实现低压并网就地消纳。根据出台的风电规划，2020 年南方地区和中东部新增并网的陆上风电装机容量将达 42000MW 以上。

1.1　内陆分散式风电并网技术要求

考虑到风电并网对电力系统的影响，世界上发展风电较早的国家都先后制定了符合各自国情的风电并网标准。2000 年，丹麦 ELTRA 输电公司颁布了并网标准，用于规范接入输电网络的风电场技术要求；2002 年，爱尔兰国家电网公司制定了风电场接入电网技术规定，苏格兰输配电公司和苏格兰水电公司联合提出了风电场接入电网的技术规定；2003 年，德国风电装机比例最高的 E. ON 输电网公司颁布了接入高压电网的并网标准，规定了对接入其高压网络的、包含风电在内的电源的通用技术要求；2005 年，美国联邦能源监管委员会（FERC）颁布第 661 号法令《风电并网规程》，提出了对风电场并网的系列技术要求，我国于 2005 年 12 月 12 日颁布了首个风电场并网的指导技术文件 GB/Z 19963—2005《风电场接入电力系统技术规定》。考虑到当时的风电规模、机组制造水平，适当降低了对风电的要求，仅提出一些原则性的规定。随着国家提出了多个百万千瓦、千万千瓦风电基地的建设计划，大规模风电接入将对电网电压、短路电流、电能质量、稳定性、调度运行带来显著影响。为了提升风电并网友好特性，国家对原有的风电并网技术规定进行了修订，并于 2011 年 12 月 31 日颁布了新版 GB/T 19963—2011《风电场接入电力系统技术规定》，该标准规定了风电场并网的通用技术要求。

由于不同国家和地区的电源结构、负荷特性、电网强度等具体情况不同，不同国家的风电并网技术规定中提出的技术要求并不完全相同，但却无一例外地都强调了风电场必须具备一定的有功率控制、无功/电压控制功能，对风电场承受系统故障及扰动的低电压穿越能力作出了明确规定，并要求风电场提供模型信息、运行参数和接入系统测试报告等必要信息。

世界各国风力发电及接入电网技术发展中暴露出来的问题，反映出风力发电固有的特性确实会对原有电力系统的运行带来较大影响，必须提出风力发电接入电网的技术要求，以确保风力发电及电力系统运行的安全可靠性。

1.1.1 电场有功功率控制

电力系统是一个发电、用电功率实时平衡的系统，系统中电力供应或需求的变化都会导致系统暂时的功率不平衡，从而影响系统运行状态。基于维持系统频率稳定，防止输电线路过载，确保故障情况下系统稳定的考虑，各国风电并网技术规定都对风电场有功功率控制提出了要求。基本要求是：控制最大功率变化率；在电网特殊情况下限制风电场的输出功率甚至切除风电场。另外，国外许多风电并网标准还规定了风电场应具有降低有功功率和参与系统一次调频的能力，并规定了降低功率的范围和响应时间，以及参与一次调频的调节性能技术参数。

德国输电网运营商 E. ON 公司 2006 年的并网标准规定，在最小输出功率以上的任何功率运行区间内，风电场功率输出都必须能在降低出力的状态下运行，并允许以恒定每分钟为额定功率 1%的速度调节。同时，标准要求当电网运行频率高于 50.2Hz 时，风电机组的有功功率必须以 40%P_M/Hz（P_M 为当前功率）的梯度降低；当电网频率恢复到

50.05Hz 时，可以再提高发电功率。丹麦的风电并网标准要求风电场出力必须能限制在额定功率 20%～100%范围内随机设置的某个值上，其上行和下行调节速度应可设置为每分钟 10%～100%额定功率。

我国国家标准 GB/T 19963—2011《风电场接入电力系统技术规定》中提出“风电场应配置有功功率控制系统，能够接收并自动执行电力系统调度机构下达的有功功率及有功功率变化的控制指令并进行相应调节，具备有功功率调节和参与电力系统调频、调峰和备用的能力”。同时给出了风电场有功功率变化限值的推荐值，见表 1-1。

表 1-1　　正常运行情况下风电场有功功率变化最大限值

风电场装机容量（MW）	10min 有功功率变化最大限值（MW）	1min 有功功率变化最大限值（MW）
＜30	10	3
30～150	装机容量/3	装机容量/10
＞150	50	15

GB/T 19963—2011 同时规定“在电力系统事故或紧急情况下，要求风电场应根据电力系统调度机构的指令快速控制其输出的有功功率，必要时可通过安全自动装置快速自动降低风电场有功功率或切除风电场；此时风电场有功功率变化可超出电力系统调度机构规定的有功功率变化最大限值”。当电力系统频率高于 50.2Hz 时，GB/T 19963—2011 要求风电场按照电力系统调度机构指令降低风电场有功功率，但是没有给出统一的数值要求，主要原因是该数值受各地区电网状况、电网中其他电源的调节特性、风电机组运行特性及其技术性能指标等因素的影响，需区别对待。

比较可知，国外诸如丹麦、德国等国家的风电并网标准都对风电场的有功功率控制能力提出了具体要求，要求风电场不仅能够控制有功出力的变化速度，同时还要求风电场具有根据电网的实际情况和调度要求控制到某一个功率输出值的能力。我国的国家标准也针对正常运行和电力系统事故或紧急情况下的有功功率控制提出了一般性要求，同时充分考虑了我国风电发展的实际情况，兼顾了国内风电技术的发展水平。

1.1.2 风电场无功配置和电压控制

风电场向电网输送有功功率的同时，还要从电网吸收无功功率，从而影响系统电压稳定。按电力系统无功分层分区平衡原则，风电场所消耗的无功需要由风电场的无功电源来提供；在系统需要支持时，大容量的风电场还应能向电网中注入所需无功电流，以维持风电场并网点电压稳定。风电场无功配置原则与电压控制要求是所有风电并网技术性文件的基本内容，目的是保证风电场并网点的电压水平和系统电压稳定。

国外一些国家的风电并网标准中对风电场无功容量的要求见表 1-2。

表 1-2　国外风电并网标准规定的无功容量要求

标准	无功容量配置要求
丹麦 Energinet. dk 公司标准	风电场应安装无功补偿装置以保证无功功率可控。风电场需具有通过风电场控制系统对全场的无功进行调节的能力
德国 E. ON 公司标准	风电场根据系统需要配置相应的无功补偿装置；风电场功率因数应在超前 0.950 到滞后 0.925 之间可调，电压水平不同时的要求也不同
美国 FERC 标准	风电场具有控制并网点功率因数在超前 0.95 到滞后 0.95 之间的能力，同时根据系统要求配置相应的无功补偿装置

对于风电场的无功容量配置，我国国家标准中充分考虑到各风电场的无功容量配置需求与风电场容量规模及所接入电网的强度有密切关系。因此，对不同规模及不同接入电压等级的风电场分别提出了相应的要求。我国风电并网标准中对风电场无功容量配置的原则要求见表 1-3。

表 1-3　我国风电并网标准风电场无功容量配置原则

并网方式	风电场无功配置原则
对于直接接入公共电网的风电场	其配置的容性无功容量能够补偿风电场满发时场内汇集线路、主变压器的感性无功及风电场送出线路的一半感性无功之和，其配置的感性无功容量能够补偿风电场自身的容性充电无功功率及风电场送出线路的一半充电无功功率
对于通过 220kV（或 330kV）风电汇集系统升压至 500kV（或 750kV）电压等级接入公共电网的风电场群中的风电场	对于送出线路部分，不论是容性还是感性补偿容量都要求是全部补偿

1.1.3　风电场低电压穿越

低电压穿越（low voltage ride through，LVRT）是指当电力系统事故或扰动引起并网点电压跌落时，在一定的电压跌落范围和时间间隔内，风电机组（风电场）能够保证不脱网连续运行。低电压穿越能力除了不间断的连续运行能力外，还包括风电机组故障期间向电网注入无功电流，在电压降落情况下帮助恢复并网点电压，及在故障后快速恢复到故障前的有功出力状态的能力。它能为系统提供一些关键支撑，如，提供故障电流有利于故障清除，在故障期间及故障后的系统恢复过程中提供无功电流注入有利于帮助并网点电压恢复。

（1）丹麦电网运营商 Energinet. dk 的要求：当三相短路故障导致风电场并网点电压跌至 0p. u. 时，风电机组应能够保持不脱网连续运行 250ms。在电压恢复到 0.9p. u. 后，应在不迟于 10s 内满足与电网的无功功率交换要求。电压降落期间，风电场具备最大发出风电场标称电流 1.0 倍的无功电流。

（2）德国输电网运营商 E. ON 公司对第二类电源（Type2）所提出的要求，也适用于风电机组：当三相短路故障导致风电场并网点电压跌至 0 时，风电机组应能够保证不脱网连续运行 150ms。该标准要求新建的风电场/风电机组在电压降落期间必须发出无功电流以支持电网电压。在故障发生后 20ms 内，必须启动电压支持功能，并网点电压幅值降低 1%，风电机组向电网注入幅值为其额定电流 2%的无功电流。如果必要，需注入至少 100%额定电流的无功电流。

(3) 美国 FERC 针对装机容量大于 20MW 接入输电网的风电场提出的要求：风电场并网点电压跌至 0p. u. 时，风电场内的风电机组能够保证不脱网连续运行 4～9 周期，同时要求风电场在系统需要的情况下应能提供足够的动态无功支撑能力，以维持系统稳定。

(4) 西班牙输电网运营商 REE 针对所有接入其电网的电厂提出的要求：当风电场并网点电压跌至 0. 2p. u. 时，风电机组应能够保证不脱网连续运行 500ms；并网点电压在发生跌落后 1s 内能够恢复到 0. 8p. u. 时，风电机组能够保证不脱网连续运行；并网点电压在发生跌落后 15s 内能够恢复到 0. 95p. u. 时，风电机组能够保证不脱网连续运行。对于风电机组/风电场在故障期间是否提供无功电压支撑，该标准无强制性要求。

图 1-1 所示为我国的风电并网标准对风电场低电压穿越能力的要求，主要包括两点：①风电场并网点电压跌至标称电压的 20%时，风电场内的风电机组能保证不脱网连续运行 625ms；②风电场并网点电压在发生跌落后 2s 内能恢复到标称电压的 90%时，风电场内的风电机组能保证不脱网连续运行。

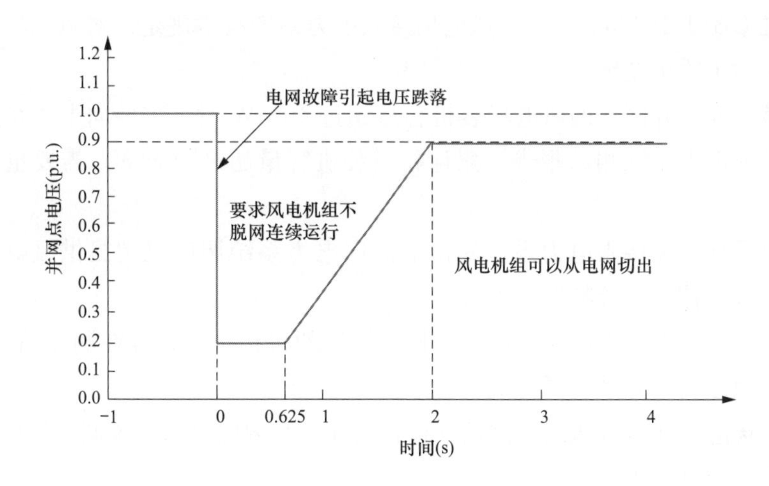

图 1-1 我国风电场低电压穿越能力的要求

同时，我国国家标准对总装机容量在百万千瓦级规模及以上的风电场群中的风电场，还提出了动态无功支撑能力的要求。当电力系统发生三相短路故障引起电压跌落时，每个风电场在低电压穿越过程中应具有以下动态无功支撑能力。具体要求如下：①当风电场并网点电压处于标称电压的 20%～90%时，风电场应能通过注入无功电流支撑电压恢复；自并网点电压跌落出现的时刻起，动态无功电流控制的响应时间不大于 75ms，持续时间应不少于 550ms；②风电场注入电力系统的动态无功电流 I_T 应满足

$$I_T \geqslant 1.5 \times (0.9 - U_T) I_N \qquad (0.2 \leqslant U_T \leqslant 0.9) \tag{1-1}$$

式中 U_T——风电场并网点电压标幺值；

I_N——风电场额定电流。

可以看出，国际上所有风电装机比例较高的国家都对风电场低电压穿越能力提出了要求，丹麦和德国要求风电场实现零电压穿越。我国近几年风电发展速度非常快，单个风电场容量和风力发电总装机规模都越来越大，由于风电机组不具备低电压穿越能力导致的大规模风机脱网事故对系统的影响也日渐严重，因此，我国的国家标准对风电场低电压穿越能力也提出了要求。但考虑到国产风电机组技术水平的现状，要求风电机组实现零电压穿越还有一定难度，因此对低电压穿越的电压下限值要求相对宽松。

1.1.4 风电场接入电网并网性能检测要求

风电并网标准提出了风电场应该满足的通用技术条件，为了确保实际并网风电场具备标准要求的性能，需要对风电场并网性能进行检测。

丹麦并网标准要求风电场低电压穿越能力的同时，还要求对风电机组的低电压穿越特性进行测试。德国中压并网标准对单台风电机组和风电场的并网性能评价进行了规定，要求风电机组要进行并网测试并取得证书。风电场也要通过测试或仿真计算的方式进行并网性能的符合性评价。

国家标准 GB/T 19963—2010《风电场接入电力系统技术规定》对风电场接入系统测试的基本要求做了明确规定：

(1) 当接入同一并网点的风电场装机容量超过 40MW 时，需要向电力系统调度机构提供风电场接入电力系统测试报告；累计新增装机容量超过 40MW，需要重新提交测试报告。

(2) 风电场在申请接入电力系统测试前需向电力系统调度机构提供风电机组及风电场的模型、参数和控制系统特性等资料。

(3) 风电场接入电力系统测试由具备相应资质的机构进行，并在测试前 30 日将测试方案报所接入地区的电力系统调度机构备案。

(4) 风电场应当在全部机组并网调试运行后 6 个月内向电力系统调度机构提供有关风电场运行特性的测试报告。

国家标准对测试内容也作了具体要求，主要包括风电场有功/无功控制能力测试；风电场电能质量测试，包含闪变与谐波；风电机组低电压穿越能力测试及风电场低电压穿越能力验证；风电机组电压、频率适应性测试及风电场电压、频率适应能力验证。

1.2 内陆分散式风电并网现状

随着我国未来新能源并网规模的不断增加，新能源并网运行的一些新问题也将逐步凸显，而这也必将成为行业关注的热点和研究关注的重点。主要包括以下几个方面：

（1）系统转动惯量下降，系统抗扰动能力下降。目前，在西北送端电网中，风电和光伏发电装机占比超过其电网装机容量的30%，到2025年将超过50%。由于风机转动惯量小、光伏发电没有转动惯量，而且目前新能源机组尚不参与调频调压，因此，西北电网的抗频率扰动能力相比于新能源未并网前下降30%～50%以上。

（2）系统调频调压能力降低，全网频率电压事件风险增大。目前，风电光伏发电站不参与电网频率和电压的调节，随着新能源并网规模的不断增加，系统频率电压调节能力将持续下降。系统大功率缺失情况下，极易诱发全网频率失稳问题。同时，随着特高压直流馈入电网，交流电网短路容量不足，应对无功冲击能力和电压调控能力进一步下降。在华中和华东受端电网，由于直流换流站替代了常规电厂，调压能力大幅下降，特别是直流系统换相失败过程中，从交流系统吸收大量的无功功率，电压崩溃风险增大。

（3）电压和频率耐受能力缺失。目前，并网运行的风电机组普遍不具备高电压穿越能力。例如，2011年2月24日，西北风机脱网事故中，因低压脱网274台，高压脱网300台。同时，随着多条连接风电基地和负荷中心的特高压直流线路投运，特高压直流送端风电高压脱网风险增大：哈密—郑州、扎鲁特—青州特高压直流输电线路直流换相失败期间，送端电网暂态过电压达到1.2～1.3U_N（U_N为额定电压），近区风电机组大规模连锁脱网。频率方面，特高压直流送端风电同样存在高频脱网风险：扎鲁特—青州特高压直流功率1000万kW时，双极闭锁故障后送端电网频率短时超过52Hz，远远超过目前风电能够耐受的水平，存在风电大规模脱网的风险，银川—山东、哈密—郑州、上海庙—山东等特高压直流输电工程都存在类似风险，严重影响大电网安全稳定运行。

（4）大容量直流送端系统动态稳定问题严重。2015年7月1日，哈密—郑州直流输电工程送端花园电厂3台机组由次同步振荡引起轴系扭振保护（TSR）相继动作跳闸，共损失功率128万kW。机组跳闸前后，交流电网中持续存在16～24Hz的次同步谐波分量。机组轴系扭振频率（30.76Hz）与交流系统次同步谐波分量频率（20Hz）互补，满足振荡条件。虽然目前相关单位已从不同层面开展了研究，并提出了应对措施，但并未从本质上揭示问题产生的根本原因，后继发生类似问题的风险依然存在，需要重点关注。

2 内陆分散式风电场电能质量检测与评估及实际案例

发展风电是实现我国能源结构优化调整的重要手段。近年来，我国风电开发模式已转变为集中式与分散式协调发展的新模式，内陆低速风电得到了迅猛发展。然而，风电机组逆变器包含大量电力电子装备，由此引起的谐波超标问题是风电场电站并网的主要问题之一。为了减少风电并网对电网运行的影响，提升电网消纳风电的能力，国家标准GB/T 19963—2011《风电场接入电力系统技术规定》、国家电网有限公司标准 Q/GDW 630—2011《风电场功率调节能力和电能质量测试规程》都要求开展风电场电能质量现场检测与评估，以衡量风电并网友好特性。

2.1 电能质量评价指标及其计算模型

风电场电能质量评估指标主要包括闪变、谐波和间谐波 3 个二级评价指标。

2.1.1 闪变指标计算模型

评价风力发电系统接入后，所接入公共连接点的闪变值与国家标准 GB/T 12326—2008《电能质量　电压波动和闪变》要求的符合性。

根据风电发电系统并网检测报告，核查风电发电系统引起的闪变，闪变允许值计算方法如下：

按照式（2-1）计算风电发电系统并网点长时间闪变值 $P_{1t,PV}$传递后，在其所接入公共连接点上引起的长时间闪变值 $P_{1t,PCC}$

$$P_{1t,PCC} = T_k \cdot P_{1t,PV} = \frac{S'_{sc,PCC}}{S_{sc,PCC} - S'_{sc,PV}} \cdot P_{1t,PV} \tag{2-1}$$

式中 $P_{1t,PCC}$——风电发电系统并网点长时间闪变值传递到 PCC 点，在 PCC 点引起的长时间闪变值；

T_k——风电发电系统并网点长时间闪变值传递到 PCC 点的传递系数；

$P_{1t,PV}$——风电发电系统并网点上的长时间闪变值；

$S_{sc,PCC}$——风电发电系统并网点短路时 PCC 点流向风电发电系统并网点的短路容量；

$S'_{sc,PCC}$——PCC 点的短路容量；

$S'_{sc,PV}$——PCC 点短路时风电发电系统并网点流向 PCC 点的短路容量。

若 $P_{1t,PV}$<0.25，则可认为闪变核算允许接入电力系统；若 $P_{1t,PV}$>0.25，则按照以下方法计算风电发电系统的闪变限值。

首先求出接于公共连接点的全部负荷产生闪变的总限值 G

$$G=\sqrt[3]{L_P^3-T^3L_H^3} \tag{2-2}$$

式中 L_P——PCC 点对应电压等级的长时间闪变值 P_{1t}限值；

L_H——上一电压等级的长时间闪变值 P_{1t}限值；

T——上一电压等级对下一电压等级的闪变传递系数，推荐为 0.8。

不考虑超高压（EHV）系统对下一级电压系统的闪变传递。各电压等级的闪变限值见国家标准 GB/T 12326—2008《电能质量　电压波动和闪变》。

风电发电系统闪变限值 E_{PV}为

$$E_{PV}=G\sqrt[3]{\frac{S_{PV}}{S_t}\times\frac{1}{F}} \tag{2-3}$$

式中 S_{PV}——风电发电系统装机容量，MVA；

S_t——PCC 点总供电容量，MVA；

F——波动负荷的同时系数，其典型值为 0.2～0.3（但必须满足 $S_{PV}/F\leqslant S_t$）。

2.1.2　谐波指标计算模型

评价风电发电系统的谐波注入电流与国家标准 GB/T 14549—1993《电能质量　公用电网谐波》要求的符合性。

根据风电发电系统并网检测报告，核查风电发电系统的谐波注入电流，谐波电流允许值计算方法如下：

当公共连接点处的最小短路容量不同于基准短路容量时，谐波电流允许值按照式（2-4）进行修正

$$I_{h,PCC}=\frac{S_{k1}}{S_{k2}}\times I_{hp} \tag{2-4}$$

式中 $I_{h,PCC}$——短路容量为 S_{k1}时的第 h 次谐波电流允许值，A；

S_{k1}——PCC 点的最小短路容量，MVA；

S_{k2}——基准短路容量，MVA；

I_{hp}——第 h 次谐波电流允许值，A。

风电发电系统向电力系统注入的谐波电流允许值按照式为

$$I_{h,PV}=\left(\frac{S_{PV}}{S_{t,h}}\right)^{1/a}\times I_{h,PCC} \tag{2-5}$$

式中 $I_{h,PV}$——风电发电系统第 h 次谐波电流允许值，A；

$S_{t,h}$——PCC 点上具有 h 次谐波源的发/供电设备总容量，MVA；

$I_{h,PCC}$——PCC 点第 h 次谐波电流允许值，A；

a——谐波的相位叠加系数，按表 2-1 取值。

表 2-1 谐波的相位叠加系数

h	3	5	7	11	13	9｜>13｜偶次
a	1.1	1.2	1.4	1.8	1.9	2

2.1.3 间谐波指标计算模型

评价风电发电系统引起的各次间谐波电压含有率与国家标准 GB/T 24337—2009《电能质量　公用电网间谐波》要求的符合性。

2.2 电能质量测试方法

2.2.1 电能质量试验仪器、分工及接线

1. 试验仪器

风电场测试指标包括闪变、谐波和间谐波。风电场背景运行数据使用电能质量分析仪 Fluke1760 进行采集和分析，其他数据均使用 DEWETROR-5000 进行采集和分析。测试设备和数据采集分析软件信息见表 2-2 和表 2-3。

表 2-2 测 试 设 备

设备名称	制造商	型号	序列号	精度
电压互感器	思源电气股份有限公司	JDQXFH-110	HGQ22120192	0.5 级
电流互感器	思源电气股份有限公司	SSTA02	G13108TA01	0.5 级
数据采集装置	DEWETRON	DEWETRON-5000	07140502	0.5 级
电流传感器	DEWETRON	PNA-CLAMP-5	123488	0.5 级
			123505	
			123507	
数据采集装置	FLUKE	Fluke1760	E262005OD	0.2 级

表 2-3 数据采集与分析软件

软件名称	制造商	版本号	用途
DeweSoft	DEWETRON	7.1	数据采集
FlukePQAnalyze	Fluke	1.9.4	数据采集及处理
FlukePQReporterforAnalyze	Fluke	1.8.8	报表分析

2. 测试点选择

内陆分散式风电场典型拓扑结构及电能质量测试点如图 2-1 所示。选择风电场并网点（502 断路器）作为电能质量测试点，风电场电能质量评估数据通过风电场站内的电能质量控制柜获得。

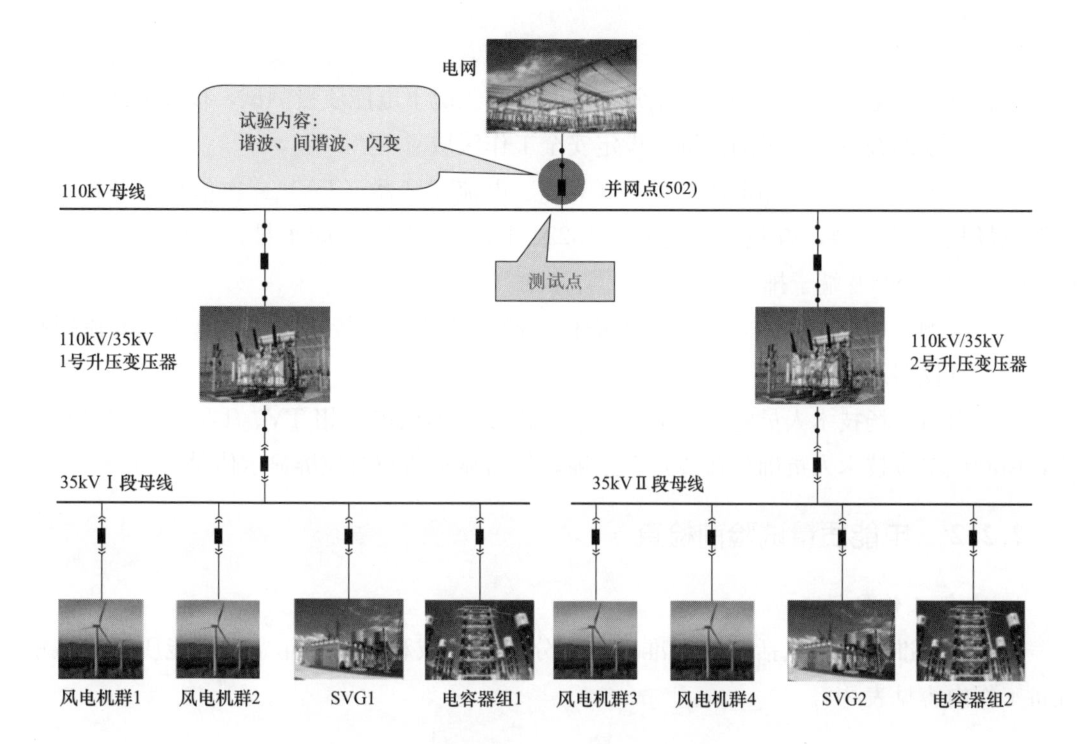

图 2-1 风电场典型拓扑结构图及电能质量测试点

电能质量测试接线端子排信息见表 2-4。

表 2-4 **电能质量测试接线端子排信息**

110kV 线路 502 断路器电压电流信号			
测量取点位置		电能质量监控柜	
电流线号			
A4322	B4322	C4322	N4321
柜内端子号			
In-Ial	In-Ibl	In-Icl	
电压线号			
A610	B610	C610	N600
柜内端子号			
ZKK1-1	ZKK1-3	ZKK1-5	In-Uc10

3. 试验标准

(1) 风电场注入电网的谐波电流应在其允许范围内。

(2) 风电场并网点电压闪变值（长闪）不超过额定值的 1%。

4. 试验分工

由风电场技术人员负责屏上接线及运行方式操作。

由测试单位技术人员负责仪器操作，负责试验方案编制及数据分析等工作。

5. 试验接线

试验分为背景电能质量测试及正常运行时不同工况下电能质量测试，接线方式如下。

(1) 现场勘查电能质量测试屏，设定安全工作区域。

(2) 确定并网点的三相电压互感器（TV）、电流互感器（TA）二次信号端子排；根据风电场提供的资料，查找三相电流 A4322、B4322、C4322 端子排，三相电压 A610、B610、C610、N600 端子排。

(3) 由测试单位技术人员负责仪器操作，确保仪器可靠接地，三相电压、电流钳接入仪器，且仪器运行正常。

(4) 由风电场技术人员将三相电压、电流钳接入测试屏三相 TV、TA 二次信号端子排，由测试单位技术人员确认接线是否正确，仪器显示值与监控屏显示值是否对应。

2.2.2 电能质量试验前检查

1. 准备工作安排

测试前的准备工作包括试验前准备，划分工作区域和填写工作票。电能质量测试前准备工作内容见表 2-5。

表 2-5　　电能质量测试前准备工作内容

序号	内容	标准	责任人
1	试验前准备	(1) 测试前应组织试验人员认真学习《电力安全工作规程》、风电场功率控制特性测试作业指导书、测试方案。 (2) 试验人员符合《电力安全工作规程》对人员的要求。 (3) 了解风电场的结构，熟悉测量点位置、测量屏、端子排号，核实测试位置、信号采集端口号是否正确。 (4) 进入工作现场的所有人员必须戴好安全帽，穿好工作服。 (5) 测试仪器、仪表、工器具应试验合格。 (6) 进行安全交底和技术交底	
2	划分工作区域	设置安全工作区域，设置“在此工作”标识牌；在相邻区域悬挂“运行设备，禁止开启”标识牌	
3	填写工作票	根据工作任务正确填写工作票	

2. 试验仪器、仪表及工器具检查

测试时需要对试验仪器、仪表及工器具是否合格进行检查，风电场电能质量测试评估常用的试验仪器主要包括电能质量测试仪、数据采集系统、试验电源接线板、个人工具包和数字万用表。试验仪器、仪表及工器具检查内容见表 2-6。

表 2-6　　试验仪器、仪表及工器具检查内容

序号	名称	规格/编号	单位	数量	备注
1	电能质量测试仪	Fluke1760	台	1	在有效期内，有合格标签
2	数据采集系统	DEWETRON-5000	台	1	在有效期内，有合格标签

续表

序号	名称	规格/编号	单位	数量	备注
3	试验电源接线板（含多用电源插座）	220V/10A	个	2	必须有漏电保护器
4	个人工具包		套	1	个人必须携带工具包
5	数字万用表	FLUKE	台	1	在有效期内

3. 危险点及安全技术措施

危险点及安全技术措施是电能质量测试前必须落实的安全措施，必须按照表 2-7 所列的内容对危险点及安全技术措施进行检查，以确保试验人员、电网和设备的安全。危险点及安全技术措施主要包括核实实际接线是否与图纸一致，核对回路接线，落实监护人、工作票制度，设备电气保护措施等事项。

表 2-7 危险点及安全技术措施内容

序号	内容
1	做安全技术措施前应先检查现场安全技术措施和实际接线及图纸是否一致，如发现不一致，应及时向专业技术人员汇报，经确认无误后及时修改，修改正确后严格执行现场安全技术措施
2	工作时应认真核对回路接线，如需拆头，应用绝缘胶布包好，并做好记录，防止二次交、直流电压回路短路、接地，联跳回路误跳运行设备
3	严格执行监护人监护制度
4	严格执行工作票制度
5	试验仪器应可靠接地
6	防止 TA 回路开路和 TV 回路短路
7	防止误入带电间隔，造成人身触电
8	防止安全措施不全造成人身触电
9	防止试验电源无漏电保护器造成人身触电
10	满足测试仪器长时间实时测试的需要，制定相应的安全措施

2.2.3 电能质量试验步骤

（1）根据 2.2.1 完成试验接线。

（2）背景电能质量试验：在风电场全部脱网停运时，采用 FLUKE1760 电能质量测试仪实现 24h 连续数据记录。由风电场确保 24h 风机脱网条件，测试单位负责仪器数据正确性及存储、分析。

（3）正常运行电能质量试验：在风电场正常运行阶段，数据采集系统 DEWETRON-5000 长时间挂网运行方式，风电场技术人员需完成以下工作。

1）查看当日风电场功率变化情况，并做好记录，见表 2-8。

2）每天检查测试点的三相电压、电流钳是否接触良好，如出现松动、跌落，迅速查明风电场设备运行情况，在排除风电场设备故障前提下，与测试单位技术人员联络对测试设备接线及设置进行恢复。

表 2-8　　功率区间运行时间

功率区间（额定功率的百分比，%）	连续超过 50min 的运行时间	连续超过 2h 的运行时间
0～10		
10～20		
20～30		
30～40		
40～50		
50～60		
60～70		
70～80		
80～90		
90～100		

3）定期查看测试仪器的运行状态，并核对仪器电压、电流数据与监控屏是否一致，如有问题，及时与测试单位技术人员联络排查。

（4）停止试验。

1）停止试验条件：当风电场全部脱网停运满足 24h 测试，以及风电场正常运行阶段，数据采集系统 DEWETRON-5000 监控画面满足每个功率区间至少 5 个测试数（根据表 2-8 记录）时，可以停止试验。

2）异常情况处理：测试前，风电场现场作业负责人须做好紧急事故预想和风电场紧急停机的预案，现场作业监督人检查现场安全措施是否完备，并负责现场各项安全措施是否落实到位。

3）试验中如发现测试端子松动，应采用绝缘工具迅速紧固，对难以紧固的情况，可采取断电措施。

（5）试验终结恢复：满足停止试验条件后，由风电场技术人员拆除屏上接线，由测试单位技术人员对数据进行保存与分析，恢复现场至测试前状态。

2.3　风电场电能质量现场检测与评估案例

以湖南某风电场为实例开展电能质量测试，该风电场一期、二期均安装双馈异步型风电机组，总装机容量为 87.5MW，其中风电场一期 49.5MW，风电场二期 38MW，一期安装单机额定功率 2MW 风电机组 24 台，单机额定功率为 1.5MW 风电机组 1 台；二期安装单机额定功率 2MW 风电机组 19 台；每台风电机组均通过一台 0.69kV/35kV 升压

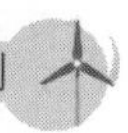

变压器接入风电场内 35kV 线路。风电场内 1、2、3 号集电线接至 35kV Ⅰ 段母线，由 1 号主变压器升压后并入 110kV 母线；风电场内 4、5 号集电线接至 35kV Ⅱ 段母线，由 2 号主变压器升压后并入 110kV 母线。经一回 110kV 送出线接入 110kV 变电站。风电场配置二套无功补偿装置（SVG），一期 SVG 系上海思源电气股份有限公司生产，二期 SVG 系荣信电力电子股份有限公司生产，电压等级均为 10kV，补偿容量范围均为感性 5.0Mvar 至容性 5.0Mvar，采用连接变压器的方式接入 35kV 母线。

风电场电能质量测试期间，各功率区间采集 10min 数据集个数见表 2-9。

表 2-9　各功率区间采集 10min 数据集个数

有功功率区间（额定功率的百分比，%）	10min 数据集个数	有功功率区间（额定功率的百分比，%）	10min 数据集个数
−10～0	145	50～60	3
0～10	6	60～70	9
10～20	6	70～80	6
20～30	6	80～90	—
30～40	6	90～100	—
40～50	6	—	—

2.3.1 闪变实测结果

在风电场停运情况下测量电网的背景长时间闪变值 P_{lt0}。数据采样频率为 10kHz。风电场所在电网的背景长时间闪变测量结果为 0.28。

在风电场连续运行情况下测量风电场投入运行时的长时间闪变值 P_{lt1}。数据采样频率为 10kHz。风电场连续运行时长时间闪变测量结果为 0.26。

2.3.2 谐波和间谐波实测结果

在风电场停运情况下测量风电场并网点的电压总谐波畸变率、各次谐波电压和间谐波电压。数据采样频率为 10kHz。

在风电场连续运行情况下，测量风电场并网点的谐波电流、电流总谐波畸变率和间谐波电压的最大值。数据采样频率为 10kHz。各功率区间采集 10min 数据集个数，见表 2-9。

表 2-10 为风电场并网点的背景谐波电压，表 2-11 为风电场并网点的背景电压总谐波畸变率，表 2-12 为风电场并网点的背景间谐波电压，表 2-13 为连续运行时风电场并网点的谐波电流，表 2-14 为连续运行时风电场并网点的电流总谐波畸变率，表 2-15 为连续运行时风电场并网点的间谐波电压。表 2-10～表 2-15 中，风电场并网点额定电压为 110kV，额定电流为 459.3A。

表 2-10　　风电场并网点的背景谐波电压

谐波次数	谐波电压最大值（相对于额定电压的百分比，%）	谐波次数	谐波电压最大值（相对于额定电压的百分比，%）
2	0.15	3	1.68
4	0.12	5	1.06
6	0.12	7	0.66
8	0.08	9	0.57
10	0.10	11	0.80
12	0.07	13	0.53
14	0.10	15	0.64
16	0.14	17	0.80
18	0.30	19	1.27
20	0.26	21	0.93
22	0.15	23	0.78
24	0.13	25	0.73
26	0.12	27	0.46
28	0.20	29	0.60
30	0.42	31	1.42
32	0.34	33	0.79
34	0.44	35	1.60
36	0.22	37	0.61
38	0.28	39	0.44
40	0.36	41	0.41
42	0.57	43	0.64
44	0.48	45	0.40
46	0.17	47	0.27
48	0.09	49	0.19
50	0.10	—	—

表 2-11　　风电场并网点的背景电压总谐波畸变率

最大电压总谐波畸变率（相对于额定电压的百分比，%）	1.53

表 2-12　　风电场并网点的背景间谐波电压

频率（Hz）	间谐波电压最大值（相对于额定电压的百分比，%）	频率（Hz）	间谐波电压最大值（相对于额定电压的百分比，%）
75	0.07	775	0.07
175	0.08	875	0.12
275	0.04	975	0.10
375	0.05	1075	0.19
475	0.07	1175	0.12
575	0.06	1275	0.10
675	0.05	1375	0.13

续表

频率（Hz）	间谐波电压最大值（相对于额定电压的百分比，%）	频率（Hz）	间谐波电压最大值（相对于额定电压的百分比，%）
1475	0.16	825	0.11
1575	0.16	925	0.12
1675	0.12	1025	0.15
1775	0.11	1125	0.14
1875	0.10	1225	0.11
1975	0.10	1325	0.05
125	0.05	1425	0.14
225	0.04	1525	0.14
325	0.05	1625	0.12
425	0.07	1725	0.11
525	0.07	1825	0.10
625	0.06	1925	0.09
725	0.06		

表 2-13　　连续运行时风电场并网点的谐波电流

谐波次数	谐波电流最大值（相对于额定电流的百分比，%）	谐波电流95%概率大值（相对于额定电流的百分比，%）	谐波次数	谐波电流最大值（相对于额定电流的百分比，%）	谐波电流95%概率大值（相对于额定电流的百分比，%）
2	0.11	0.06	3	0.52	0.29
4	0.05	0.03	5	0.35	0.21
6	0.03	0.02	7	0.23	0.13
8	0.02	0.02	9	0.14	0.07
10	0.05	0.02	11	0.56	0.29
12	0.09	0.03	13	0.29	0.15
14	0.05	0.02	15	0.14	0.05
16	0.04	0.01	17	0.27	0.08
18	0.08	0.02	19	0.26	0.09
20	0.05	0.02	21	0.37	0.10
22	0.08	0.02	23	0.12	0.07
24	0.03	0.01	25	0.09	0.06
26	0.02	0.01	27	0.06	0.03
28	0.03	0.01	29	0.07	0.07
30	0.03	0.01	31	0.17	0.07
32	0.03	0.01	33	0.19	0.08
34	0.10	0.04	35	0.39	0.19
36	0.07	0.03	37	0.19	0.08
38	0.09	0.04	39	0.15	0.07
40	0.08	0.03	41	0.19	0.07
42	0.19	0.04	43	0.06	0.02
44	0.10	0.02	45	0.06	0.02
46	0.04	0.01	47	0.06	0.02
48	0.02	0.01	49	0.03	0.01
50	0.01	0.01			

表 2-14　　连续运行时风电场并网点的电流总谐波畸变率

项目	数值
最大电流总谐波畸变率（相对于额定电流的百分比，%）	0.69
电流总谐波畸变率 95%概率大值（相对于额定电流的百分比，%）	0.54

表 2-15　　连续运行时风电场并网点的间谐波电压

频率（Hz）	间谐波电压最大值（相对于额定电压的百分比，%）	频率（Hz）	间谐波电压最大值（相对于额定电压的百分比，%）
75	0.07	125	0.04
175	0.03	225	0.03
275	0.03	325	0.05
375	0.05	425	0.08
475	0.09	525	0.13
575	0.18	625	0.12
675	0.10	725	0.10
775	0.10	825	0.10
875	0.09	925	0.08
975	0.07	1025	0.07
1075	0.07	1125	0.07
1175	0.07	1225	0.07
1275	0.07	1325	0.08
1375	0.10	1425	0.10
1475	0.09	1525	0.08
1575	0.07	1625	0.06
1675	0.10	1725	0.12
1775	0.13	1825	0.12
1875	0.13	1925	0.13
1975	0.11	—	—

2.3.3　电能质量评估结果

1. 闪变评估

根据风电场电能质量现场实测数据给出的结果，风电场在并网点 POI 处引起的长时间闪变值 $P_{lt0}=0.26$。

根据国家标准 GB/T 12326—2008《电能质量　电压波动和闪变》的规定，110kV 电压等级对应的长时间闪变值不应大于 1.0。考虑风电场所接入变电站 220kV 侧向长岭变电站 110kV 侧的闪变传递，PCC 点全部负荷产生闪变的总限值为

$$G=\sqrt[3]{L_{P}^{3}-T^{3}gL_{H}^{3}}=0.904 \tag{2-6}$$

式中　L_P——PCC 点所在 110kV 电压等级对应的长时间闪变限值，取 1.0；

L_H——220kV 电压等级对应的长时间闪变限值，取 0.8；

T——220kV 向 110kV 传递的闪变传递系数，取 0.8。

实测风电场接入的PCC点为长岭变电站110kV母线，接入设备总容量 S 为153MVA，同时，系数 F 取理论极大值1，则折算后南山风电场在PCC点允许引起的长时间闪变限值 E_{PV} 为

$$E_{PV}=G\sqrt[3]{\frac{S_{PV}}{S_t}\times\frac{1}{F}}=0.75 \tag{2-7}$$

由于风电场在公共连接点引起的长时间闪变值 $P_{lt,PCC}<P_{lt,PV}$，因而 $P_{lt,PCC}<E_{PV}$，因此，风电场长时间闪变值满足要求。

风电场并网运行引起的各次谐波电流测量值和允许值见表2-16。

表2-16　风电场并网运行引起的各次谐波电流测量值和允许值

谐波次数	2	3	4	5	6	7	8	9	10	11	12	13
基准短路容量下谐波电流允许值	12	9.6	6	9.6	4	6.8	3	3.2	2.4	4.3	2	3.7
实际短路容量下谐波电流允许值 $I_{h,PCC}$	6.27	5.02	3.14	5.02	2.09	3.55	1.57	1.67	1.25	2.25	1.05	1.93
谐波相位叠加系数	2	1.1	2	1.2	2	1.4	2	2	2	1.9	2	1.9
PCC处风电场向系统注入的谐波电流允许值 $I_{h,PV}$	4.74	3.02	2.37	3.15	1.58	2.38	1.19	1.26	0.95	1.67	0.79	1.44
谐波电流测量值（95%概率值）	0.28	1.33	0.14	0.96	0.09	0.6	0.09	0.32	0.09	1.33	0.14	0.69
谐波次数	14	15	16	17	18	19	20	21	22	23	24	25
基准短路容量下谐波电流允许值	1.7	1.9	1.5	2.8	1.3	2.5	1.2	1.4	1.1	2.1	1	1.9
实际短路容量下谐波电流允许值 $I_{h,PCC}$	0.89	0.99	0.78	1.46	0.68	1.31	0.63	0.73	0.57	1.1	0.52	0.99
谐波相位叠加系数	2	2	2	2	2	2	2	2	2	2	2	2
PCC处风电场向系统注入的谐波电流允许值 $I_{h,PV}$	0.67	0.75	0.59	1.11	0.51	0.99	0.47	0.55	0.43	0.83	0.4	0.75
谐波电流测量值（95%概率值）	0.09	0.23	0.05	0.37	0.09	0.41	0.09	0.46	0.09	0.32	0.05	0.28

2. 谐波评估

根据风电场业主单位提供的数据，风电场所接入公共连接点处的最小短路容量为392MVA，接入设备总容量 S 为153MVA。依据能源行业标准NB/T 31079—2016《风电场预测系统测风塔数据测量技术要求》，并参考国家标准GB/T 14549—1993《电能质量 公用电网谐波》给出的基准短路容量下的谐波电流允许值，以及风电场电能现场质量测试数据，通过计算可得，在实际电网情况下，该风电场并网运行引起的各次谐波电流测量值和允许值如表2-16所示。由此可见，风电场的谐波电流满足标准要求。

3 内陆分散式风电场功率控制能力检测与评估及实际案例

由于风电场具有间歇性、波动性以及不确定性，会引起电网潮流和电压的大幅波动，对地区电网电压、电能质量、潮流控制以及电网稳定带来一定影响。随着风电并网规模的快速增长，风电对电力系统的动态行为和稳定机理的影响日益明显，需要通过风电并网检测等手段对风电场的并网性能进行把控，以确保电网的安全稳定。其中，功率控制能力检测与评价是风电并网检测的重要内容。

3.1 功率控制能力评价指标及其计算模型

3.1.1 有功功率评价指标及其计算模型

1. 有功功率控制能力评价指标计算模型

风电场有功功率控制能力指标主要为设定值控制的最大偏差和响应时间。风电机组/风电场有功功率设定值控制精度和响应时间判定方法示意如图 3-1 所示。

参照图 3-1，可得出风电机组/风电场有功功率设定值控制的相关性能参数如下。

设定值控制期间有功功率稳态值允许范围为

$$\begin{aligned} P_{max} &= P_2 + 0.05 \\ P_{min} &= P_2 - 0.05 \end{aligned} \tag{3-1}$$

有功功率设定值控制超调量为

$$\sigma = \frac{|P_3 - P_2|}{P_2} \times 100\% \tag{3-2}$$

有功功率设定值控制响应时间为

$$t_{p,reg} = t_{p,1} - t_{p,0} \tag{3-3}$$

2. 有功功率控制能力性能要求

风电场有功功率控制能力性能要求如下。

（1）风电场有功功率设定值控制允许的最大偏差不超过风电场装机容量的 5%。

（2）风电场有功功率控制系统响应时间不超过 120s。

（3）有功功率控制系统超调量 σ 不超过风电场装机容量的 10%。

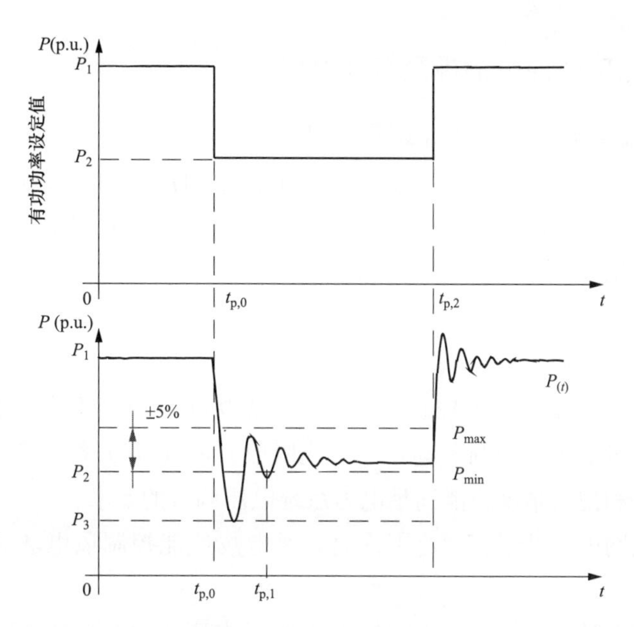

图 3-1　风电机组/风电场有功功率设定值控制精度和响应时间判定方法示意

P_1—风电机组/风电场有功功率初始运行值（上一设定值），标幺值；P_2—风电机组/风电场有功功率控制目标值（下一设定值），标幺值；P_3—设定值控制期间风电机组/风电场有功功率偏离控制目标的最大运行值，标幺值；$P_{(t)}$—设定值控制期间风电机组/风电场有功功率曲线；$t_{p,0}$—设定值控制开始时刻（前一设定值控制结束时刻）；$t_{p,1}$—设定值控制期间风电机组/风电场有功功率第一次达到设定值的时刻；$t_{p,2}$—设定值控制期间风电机组/风电场有功功率持续运行在允许范围内的开始时刻

风电场有功功率设定值控制期间有功功率允许运行范围，如图 3-2 所示。图中，实线为风电场有功功率设定值控制目标曲线，两条虚线分别为风电场有功功率实际输出的上下限，即风电场实际有功功率应在两条虚线之间。

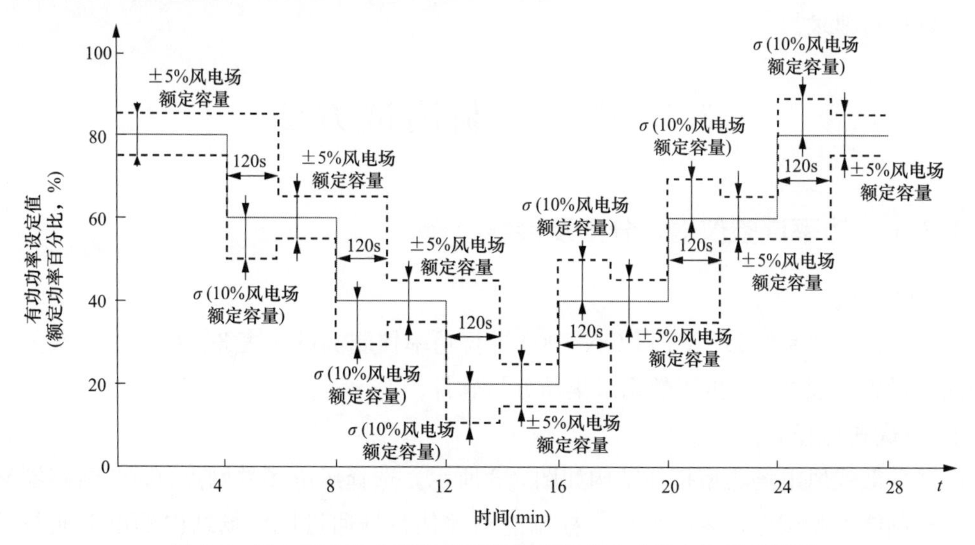

图 3-2　风电场有功功率设定值控制期间有功功率允许运行范围

3.1.2 无功功率评价指标及其计算模型

1. 无功功率控制能力评价指标计算模型

风电场无功功率控制能力指标主要为设定值控制的最大偏差和响应时间。风电场无功功率设定值控制精度和响应时间判定方法与有功功率设定值控制精度和响应时间判定方法相同，具体参见 3.1.1。

2. 无功功率控制能力性能要求

无功控制应符合下列要求。

(1) 风电场应配置无功电压控制系统，具备无功功率及电压控制能力。根据电力系统调度部门指令，风电场自动调节其发出（或吸收）的无功功率，实现对并网点电压的控制，其调节速度和控制精度应能满足电力系统电压调节的要求。

(2) 当公共电网电压处于正常范围内时，风电场应能控制风电场并网点电压在额定电压的 97%～107%。

(3) 风电场变电站的主变压器应采用有载调压变压器，通过调整变电站主变压器分接头控制场内电压，确保场内风电机组正常运行。

(4) 风电场无功电压控制系统的稳态控制响应时间不超过 30s。

(5) 稳态电压控制绝对偏差不超过设定值的 0.5%。

3. 风电场无功功率/电压控制模式

(1) 风电机组应具有多种控制模式，包括恒无功功率控制、恒功率因数控制和恒电压控制等，具备根据运行需要自动切换控制模式的能力。

(2) 风力发电场主变压器宜采用有载调压变压器。风力发电场主变压器的分接头选择、调压范围及每档调压值，应满足风力发电场母线电压质量的要求，满足场内风电机组的正常运行要求。

3.2 功率控制测试方法

3.2.1 功率试验仪器、分工及接线

1. 试验仪器

采用数据采集系统 DEWETRON-5000 进行功率控制测试。表 3-1 列出了本次测试涉及的测量设备，表 3-2 列出了数据采集与分析软件。

2. 测试点选择

内陆分散式风电场典型拓扑结构如图 3-3 所示，选择风电场并网点（502 断路器）作为功率控制能力测试点，风电场功率控制能力评估数据通过风电场站内的电能质量控制柜测量获得。

表 3-1　　测 试 设 备

设备名称	制造商	型号	序列号	精度
电压互感器	思源电气股份有限公司	JDQXFH-110	HGQ22120192	0.5 级
电流互感器	思源电气股份有限公司	SSTA02	G13108TA02	0.5 级
数据采集装置	DEWETRON	DEWETRON-5000	07140502	0.5 级
电流传感器	DEWETRON	PNA-CLAMP-5	123488	0.5 级
			123505	
			123507	

表 3-2　　数据采集与分析软件

软件名称	制造商	版本号	用途
DeweSoft	DEWETRON	7.1	数据采集
Matlab	MathWorks	R2007b	数据分析

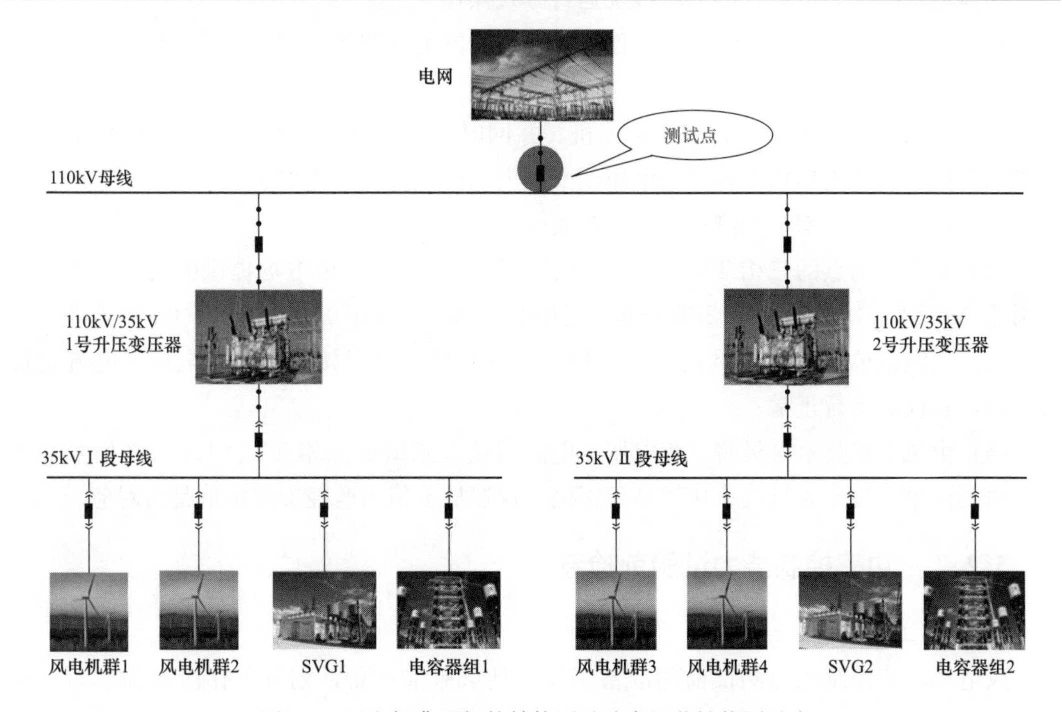

图 3-3　风电场典型拓扑结构图及功率调节性能测试点

具体端子排信息见表 3-3。

表 3-3　　功率测试接线端子排

110kV 线路 502 断路器电压电流信号			
测量取点位置		电能质量监控柜	
电流线号			
A4322	B4322	C4322	N4321
柜内端子号			

续表

1nIa1	1nIb1	1nIc1	
电压线号			
A610	B610	C610	N600
柜内端子号			
ZKK1-1	ZKK1-3	ZKK1-5	

3. 试验标准

（1）有功/无功功率响应时间不超过 30ms。

（2）有功功率稳态偏差不超过 3%，无功功率稳态偏差不超过 1%。

（3）有功/无功超调量不超过 10%。

4. 试验分工

由风电场技术人员负责屏上接线及运行方式操作。

由测试单位技术人员负责仪器操作，负责试验方案编制及数据分析等工作。

5. 试验接线

试验分为风电场正常运行、正常停机、并网时的有功功率变化测试，有功功率设定值控制测试，以及无功功率容量与电压调节能力测试，接线方式如下。

（1）现场勘查功率控制测试屏，设定安全工作区域。

（2）确定并网点的三相 TV、TA 二次信号端子排；根据风电场提供的资料，查找三相电流 A4322、B4322、C4322 端子排，三相电压 A610、B610、C610、N600 端子排。

（3）由测试单位技术人员负责仪器操作，确保仪器可靠接地，三相电压、电流钳接入仪器，且仪器运行正常。

（4）由风电场技术人员将三相电压、电流钳接入测试屏三相 TV、TA 二次信号端子排，由测试单位技术人员确认接线是否正确，仪器显示值与监控屏显示值是否对应。

3.2.2 功率控制能力试验前检查

1. 准备工作安排

风电场功率控制能力测试前的准备工作包括试验前准备，划分工作区域和填写工作票。详细准备内容见表 3-4。

表 3-4　　功率调节性能测试前准备工作内容

序号	内容	标准	责任人
1	试验前准备	（1）测试前应组织试验人员认真学习《电力安全工作规程》、风电场功率控制特性测试作业指导书、测试方案。 （2）试验人员符合《电力安全工作规程》对人员的要求。 （3）了解风电场的结构，熟悉测量点位置、测量屏、端子排号，核实测试位置、信号采集端口号是否正确。 （4）进入工作现场的所有人员必须戴好安全帽，穿好工作服。 （5）试验仪器、仪表、工器具应试验合格。 （6）进行安全交底和技术交底	

续表

序号	内容	标准	责任人
2	划分工作区域	设置安全工作区域，设置“在此工作”标识牌	
3	填写工作票	根据工作任务正确填写工作票	

（1）试验前准备：学习安规，作业指导书和测试方案，核查试验人员的资质，了解风电场现场试验情况，督察试验人员是否落实安全防护措施，试验前对试验仪器进行质量检查，同时监督试验人员是否进行安全交底和技术交底。

（2）划分工作区域：设置安全工作区域，设置“在此工作”标识牌。

（3）填写工作票：根据工作任务正确填写工作票。

2. 仪器、仪表及工器具检查

测试时需要对试验仪器、仪表及工器具是否合格进行检查，风电场电能质量测试评估常用的试验仪器主要包括电能质量测试仪、数据采集系统、试验电源接线板、个人工具包和数字万用表。功率调节性能测试试验仪器、仪表及工器具检查内容，见表 3-5。

表 3-5　　功率调节性能测试试验仪器、仪表及工器具检查内容

序号	名称	规格/编号	单位	数量	备注
1	试验电源接线板（含多用电源插座）	220V/10A	个	2	必须有漏电保护器
2	个人工具包		套	1	个人必须携带工具包
3	数字万用表	FLUKE	台	1	在有效期内
4	数据采集系统	DEWETRON-5000	台	1	在有效期内，有合格标签

3. 危险点及安全技术措施

危险点与安全技术措施是功率控制能力测试前必须落实的安全措施，必须按照表 3-6 所列的内容对危险点及安全技术措施进行检查，以确保试验人员、电网和设备的安全。危险点及安全技术措施主要包括核实实际接线是否与图纸一致，核对回路接线，落实监护人、工作票制度，落实设备电气保护措施等事项。

表 3-6　　SVG 测试危险点及安全技术措施内容

序号	内容
1	做安全技术措施前应先检查现场安全技术措施和实际接线及图纸是否一致，如发现不一致，应及时向专业技术人员汇报，经确认无误后及时修改，修改正确后严格执行现场安全技术措施
2	工作时应认真核对回路接线，如需拆头，应用绝缘胶布包好，并做好记录，防止二次交、直流电压回路短路、接地，联跳回路误跳运行设备
3	严格执行监护人监护制度
4	严格执行工作票制度
5	试验仪器应可靠接地
6	防止 TA 回路开路和 TV 回路短路
7	防止误入带电间隔，造成人身触电

续表

序号	内容
8	防止安全措施不全造成人身触电
9	防止试验电源无漏电保安器造成人身触电
10	满足测试仪器长时间实时测试的需要，制定相应的安全措施

3.2.3　功率试验步骤

（1）根据3.2.1完成试验接线。

（2）风电场正常运行时有功功率变化测试：对风电场输出有功功率进行长时间的数据采集，由风电场通过SCADA系统监测风电场有功输出，以额定功率的10%作为区间值，确保风电场有功功率输出包含从0到额定功率的100%的所有区间，测试期间，风电场运行监控人员应记录风电场的风速、风向、风电机组的运行情况，并将记录结果提供给测试单位。测试单位负责仪器数据正确性及存储、分析，并完成表3-7和表3-8的数据填写。

表3-7　10min数据集功率区间分布

有功功率区间（额定功率的百分比，%）	10min数据集个数	有功功率区间（额定功率的百分比，%）	10min数据集个数
0		60	
10		70	
20		80	
30		90	
40		100	
50			

表3-8　风电场有功功率变化最大限值和最大测量值（正常运行）

项目	限值推荐值	最大有功功率变化测量值
10min最大有功功率变化（MW）	装机容量/3	
1min最大有功功率变化（MW）	装机容量/10	

（3）风电场正常停机时的有功功率变化测试：当风电场的输出功率达到或超过风电场额定容量的75%时，由风电场提前与当地调度协调确定风电场正常停机操作，经调度同意后风电场运行控制人员通过风电场SCADA系统切除全部运行风电机组，测试期间风电场运行人员应记录风电场的风速、风向、风电机组的运行情况，并将记录结果提供给测试单位。测试单位负责仪器数据正确性及存储、分析，并完成表3-9的数据填写。

表3-9　风电场有功功率变化最大测量值（正常停机）

10min最大有功功率变化（MW）	
1min最大有功功率变化（MW）	

（4）风电场并网时的有功功率变化测试：风电场正常停机时有功功率变化测试结束后，当风速状况满足风电场输出功率达到或超过风电场额定容量的75%时，由风电场提前与当地调度协调确定风电场不弃风并网操作，经调度同意后风电场运行控制人员通过风电场SCADA系统控制风电机组重新并网，测试期间风电场运行人员应记录风电场的风速、风向、风电机组的运行情况，并将记录结果提供给测试单位。测试单位负责仪器数据正确性及存储、分析，并完成表3-10的数据填写。

表3-10　风电场有功功率变化最大测量值（并网）

10min最大有功功率变化（MW）	
1min最大有功功率变化（MW）	

（5）风电场有功功率设定值控制测试：测试单位按要求设置风电场的有功功率变化曲线后，由风电场与当地电力系统调度部门进行协调，并确定最终的有功功率控制曲线。当风电场测试期间的输出功率至少达到其额定输出功率的75%时，由风电场提前与当地调度协调确定有功功率设定值控制测试启动。风电场运行控制人员通过风电场SCADA系统取消风电场的有功功率变化限制，并按要求设置风电场的有功输出控制曲线。以20%为步长，阶梯式下调有功功率设定值（最低至额定功率的20%），记录目标值下发时间，在每一阶段维持4min。风电场运行控制人员通过风电场SCADA系统阶梯式上调风电场输出功率设定值（最高至当前可以达到的最大功率），记录目标值下发时间，在每一阶段维持4min。测试期间，风电场运行监控人员应记录风电场内各台风电机组的运行情况、风电场有功功率控制方式、风电场风速和风向信号，并将记录结果提供给测试单位。测试单位负责仪器数据正确性及存储、分析，并完成表3-11的数据填写。

表3-11　有功功率设定值控制响应指标

有功调节点	有功功率设定值控制响应时间	超调量（%）	稳态偏差（%）
80%→60%			
60%→40%			
40%→20%			
20%→40%			
40%→60%			
60%→80%			

（6）风电场无功容量及电压调节能力测试：当风速状况满足风电场功率要求时（一般应不低于额定风速的80%），测试单位根据当时系统运行工况提出有功功率调整区间、电压调节规律，由风电场与当地调度协调确定最终的有功功率调整区间、电压调节规律。风电场运行控制人员按照风电场母线电压上、下限设置风电场过压、低压控制保护定值，设置风电场过流保护定值，并通过风电场SCADA系统，分别设定风电场有功功率输出（P）在0%～20%、20%～40%、40%～60%、60%～80%、80%以上等5个区间。对每

个有功功率区间，在当前电压水平下，风电场运行控制人员通过风电场 SCADA 系统阶梯状下调并网点电压，每次调节步长为 2kV，直至电压达到调度要求的母线电压下限值或风电场减无功功能闭锁，每次电压达到目标值后保持 5min。然后再通过风电场 SCADA 系统阶梯状上调并网点电压，每次调节步长为 2kV，直至电压达到调度要求的母线电压上限值或风电场增无功功能闭锁，每次电压达到目标值后保持 5min。测试期间，风电场运行监控人员应记录风电场电压、风电机组及无功补偿装置运行状态、风速和风向，并将记录结果提供给测试单位。测试单位负责仪器数据正确性及存储、分析，并完成表 3-12 和表 3-13 的数据填写。

表 3-12　风电场有功与无功功率极限关系

分接头位置	有功功率（P）输出区间（P_n为额定功率）	容性无功容量	感性无功容量
	$P<0.2P_n$		
	$0.2P_n<P<0.4P_n$		
	$0.4P_n<P<0.6P_n$		
	$0.6P_n<P<0.8P_n$		
	$0.8P_n<P$		

表 3-13　电压控制响应指标

电压设定值	电压控制响应时间	稳态电压偏差（%）

（7）停止试验。

1）停止试验条件：当风电场正常运行有功功率变化测试满足输出功率从 0 至额定功率的 100%时，且各个功率区间满足至少 50min 的测试要求（根据表 3-12 记录），可以停止试验。

2）异常情况处理：测试前，风电场现场作业负责人须做好紧急事故预想和风电场紧急停机的预案，现场作业监督人检查现场安全措施是否完备，并负责现场各项安全措施是否落实到位。

（8）试验终结恢复：当满足停止试验条件后，由风电场技术人员拆除屏上接线，由测试单位技术人员对数据进行保存与分析，恢复现场至测试前状态。

3.3　风电场功率控制能力现场检测与评估案例

风电场功率和电压并网性能测试内容为风电场有功功率变化、风电场有功功率设定值控制和风电场电压调节能力。风电场有功功率和电压调节能力测试期间，各功率区间采集 10min 数据集个数见表 3-14。

表 3-14 各功率区间采集 10min 数据集个数

有功功率区间（额定功率的百分比,%）	10min 数据集个数	有功功率区间（额定功率的百分比,%）	10min 数据集个数
0～10	6	50～60	3
10～20	6	60～70	9
20～30	6	70～80	6
30～40	6	80～90	—
40～50	6	90～100	—

3.3.1 风电场有功功率变化实测结果

在风电场正常运行、并网和正常停机三种不同工况下，分别测量风电场的有功功率变化。风电场正常运行、并网和正常停机工况数据采样频率均为 10kHz。风电场在三种不同工况下的最大有功功率变化测试结果见表 3-15。

表 3-15 风电场在三种不同工况下的最大有功功率变化测试结果

工况	10min 最大有功功率变化（MW）	1min 最大有功功率变化（MW）
正常运行	34.1	12.0
并网	32.6	9.5
正常停机	25.6	9.5

3.3.2 风电场有功功率设定值控制实测结果

在风电场连续运行工况下测量风电场有功功率调节能力。数据采样频率为 10kHz。风电场有功功率设定值控制测试期间，风电场并网点有功功率测量值与设定值变化曲线如图 3-4 所示。测试期间风电场并网点有功功率设定值控制响应指标见表 3-16。

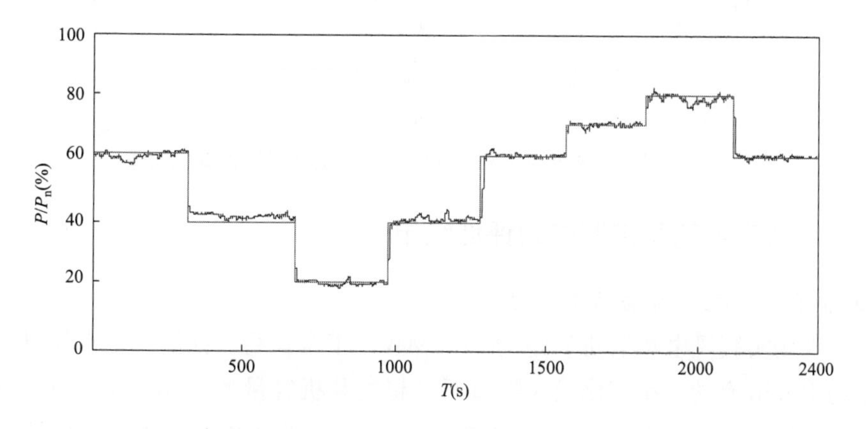

图 3-4 风电场并网点有功功率测量值与设定值变化曲线

表 3-16　　　　测试期间风电场并网点有功功率设定值控制响应指标

有功功率控制设定值［$(P/P_N)\times100\%$］	有功功率设定值控制响应时间（s）	超调量（%）	稳态偏差（%）
→60%	—	—	0.05
60%→40%	7.5	—	1.55
40%→20%	7.1	—	0.85
20%→40%	8.6	—	0.55
40%→60%	9.9	2.93	0.56
60%→70%	3.5	1.7	0.31
70%→80%	4.6	2.0	1.87
80%→60%	5.1	1.43	0.55

注　测试风电场额定有功功率 P_N=87.5MW。

3.3.3　风电场电压调节能力实测结果

在风电场连续运行情况下测量风电场电压调节能力，数据采样频率为 10kHz。风电场采用优先调度风电机组的无功功率，其次再联动无功补偿装置（SVG）的方式，对风电场并网点电压进行调节。风电场电压调节能力测试期间，风电场并网点三相电压测量值与电压设定值变化曲线如图 3-5 所示。风电场电压调节能力测试期间，风电场并网点实测三相电压变化与有功功率、无功功率变化如图 3-6 所示。测试期间，风电场电压/无功调节能力控制响应指标见表 3-17。

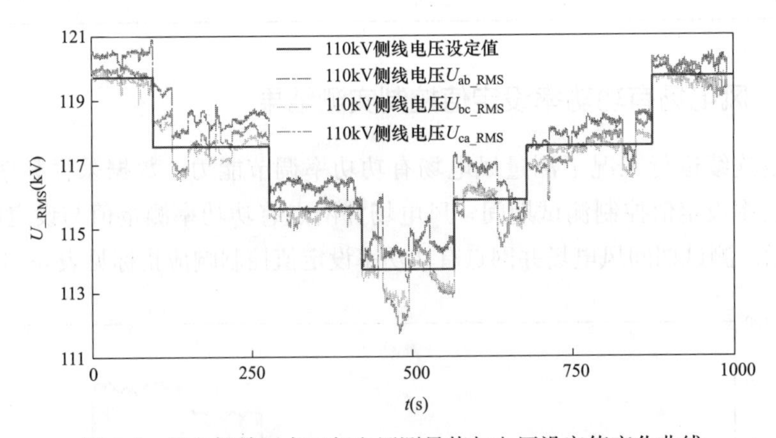

图 3-5　风电场并网点三相电压测量值与电压设定值变化曲线

3.3.4　风电场功率控制能力评估结果

1. 正常运行情况下有功功率变化

目前，现场实测风电场装机容量为 87.5MW，正常运行、并网、正常停机三种情况下，风电场 10min 有功功率变化最大限值不应超过装机容量的 1/3，1min 有功功率变化最大限值不应超过装机容量的 1/10。正常运行情况下风电场有功功率变化评价结果见表 3-18。

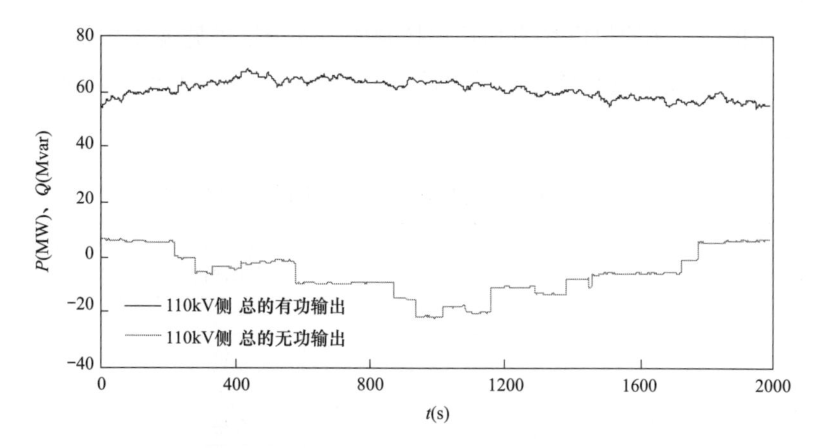

图 3-6 风电场并网点实测三相电压变化与有功功率、无功功率变化

表 3-17　　风电场电压/无功调节能力控制响应指标

电压设定值（kV）	电压控制响应时间（s）	无功控制响应时间（s）	稳态电压偏差（%）
→119.5	—	—	−0.02
119.5→117.5	198.2	60.5	0.07
117.5→115.5	0.12	0.12	0.11
115.5→113.5	213.4	0.12	0.01
113.5→115.5	213.6	0.1	—
115.5→117.5	30.3	72.7	0.005
117.5→119.5	239	0.13	0.18

注　风电场并网点额定电压 U_N=115kV，以上计算结果以 U_{ab} 为准。

表 3-18　　正常运行情况下风电场有功功率变化评价结果

项目		10min 有功功率变化最大限值（MW）	1min 有功功率变化最大限值（MW）	评估结果
标准推荐限值		29.2	8.75	—
现场测试结果	正常运行	34.1	12.0	不合格
	并网	32.6	9.5	不合格
	正常停机	25.6	9.5	不合格

对实测风电场有功功率变化情况的评价表明，正常运行和并网时风电场 10min 有功功率变化最大值超出标准推荐限值，正常运行、并网和正常停机时电场 1min 有功功率变化最大值超出标准推荐限值，凤凰山风电场有功功率变化情况不满足标准要求。

2. 风电场有功功率控制能力

风电场有功功率控制性能指标需满足如下要求：

（1）风电场有功功率设定值控制允许的最大偏差不超过风电场装机容量的 3%。

（2）风电场有功功率控制响应时间不超过 120s。

（3）有功功率控制超调不超过风电场装机容量的 10%。

根据凤凰山风电场有功功率和电压调节能力实测结果可获得风电场并网点有功功率

设定值控制响应指标，实测风电场有功功率控制能力评价结果见表 3-19。

表 3-19 表明，在风电场有功功率设定值控制过程中，响应时间、超调量和稳态偏差均满足标准要求。

表 3-19　凤凰山风电场有功功率控制能力评价结果

有功功率控制设定值 [$(P/P_n)\times100\%$]	响应时间 (s)	响应时间结果评价	超调量 (%)	超调量结果评价	稳态偏差 (%)	稳态偏差结果评价
100%→60%	—	合格	—	合格	0.05	合格
60%→40%	7.5	合格	—	合格	1.55	合格
40%→20%	7.1	合格	—	合格	0.85	合格
20%→40%	8.6	合格	—	合格	0.55	合格
40%→60%	9.9	合格	2.93	合格	0.56	合格
60%→70%	3.5	合格	1.7	合格	0.31	合格
70%→80%	4.6	合格	2.0	合格	1.87	合格
80%→60%	5.1	合格	1.43	合格	0.55	合格

3. 风电场无功容量及电压控制指标评价

（1）风电场无功容量配置。根据风电场接入电网评审意见，实测风电场需要装设的动态无功补偿容量为风电场额定运行时功率因数 0.98（超前）～0.98（滞后）所确定的无功容量范围，具体容量在初步设计中确定。

（2）风电场无功电压调节能力。根据 NB/T 31079—2016《风电场并网性能评价方法》，风电场无功电压调节能力指标需满足风电场无功功率调节的稳态控制响应时间不超过 30s 的要求。

根据风电场有功功率和电压调节能力现场实测数据给出的风电场无功电压调节测试结果，现场实测风电场无功电压调节能力评价结果见表 3-20。

表 3-20　现场实测风电场无功电压调节能力评价结果

电压设定值（kV）	无功调节响应时间（s）	响应时间结果评价
119.5→117.5	60.5	不合格
117.5→115.5	0.12	合格
115.5→113.5	0.12	合格
113.5→115.5	0.1	合格
115.5→117.5	72.7	不合格
117.5→119.5	0.13	合格

实测风电场无功电压调节能力的评价结果表明，风电场在 119.5kV→117.5kV，115.5kV→117.5kV 无功功率调节的稳态控制响应时间超出了 30s，不满足要求。

4 内陆分散式风电场SVG调节性能检测与评估及实际案例

为维持电网电压稳定及无功功率平衡，国家标准 GB 19963—2011《风电场接入电力系统技术规定》要求风电场需装设动态无功补偿装置，其容量为风电场额定运行时功率因素的 0.98（超前）—0.98（滞后）所确定的无功功率容量范围。此外，风电场安装的动态无功补偿装置除了具备稳态的无功功率调控功能外，在电网暂态过程中，风电场动态无功补偿装置还需具备风电场和电网暂态电压支撑能力。

目前，静止无功发生器（static var generator，SVG）装置是内陆风电场普遍采用的风电场动态无功补偿装置。SVG 工作原理是借助电抗器与电网并联，也可以直接与电网进行并联，进而通过调节电流侧输出电压的相位以及幅值实现动态无功补偿。SVG 工作期间，借助于电力半导体开关的通断调节实现无功功率的控制。

4.1 SVG 评价指标及其计算模型

SVG 装置的动态无功功率调节性能是 SVG 发挥稳态和暂态无功—电压支撑的基础，因此，国家发布的多个风电场标准都对 SVG 性能检测提出了明确要求。目前，基于现场试验数据的 SVG 动态调节性能评估指标主要包括恒无功控制和恒电压控制模式下的连续运行范围、电压特性、动态特性和负载特性。

4.1.1 SVG 连续运行范围

SVG 连续运行范围是指 SVG 装置从最大容性无功功率到最大感性无功功率区间连续运行的能力。具备多种控制方式时，需在每种控制方式下分别进行试验，一般可分别在恒无功控制和恒电压控制下进行。

SVG 在额定电压下输出的无功功率折算值可由实测电流值按式（4-1）计算

$$Q_{act} = I_{mea} U_n \tag{4-1}$$

式中 Q_{act}——额定电压下 SVG 输出的无功功率折算值；

I_{mea}——SVG 输出电流侧最值；

U_n——额定电压。

1. 恒无功控制模式

检验 SVG 在闭环恒无功控制模式下的无功输出能力。将控制器设定为恒无功控制方式，逐步增加容性无功设置值，直至输出电流达到额定值；在感性输出范围内重复上述试验。

2. 电压控制模式

检验 SVG 在闭环电压控制模式下的无功输出能力。将控制器设定为电压控制方式，逐步降低目标电压设定值（低于系统母线运行电压），使输出从零逐渐增加到额定感性无功电流：依次增加目标电压参考值（高于系统母线运行电压），使输出从零逐渐增加到额定容性无功电流。

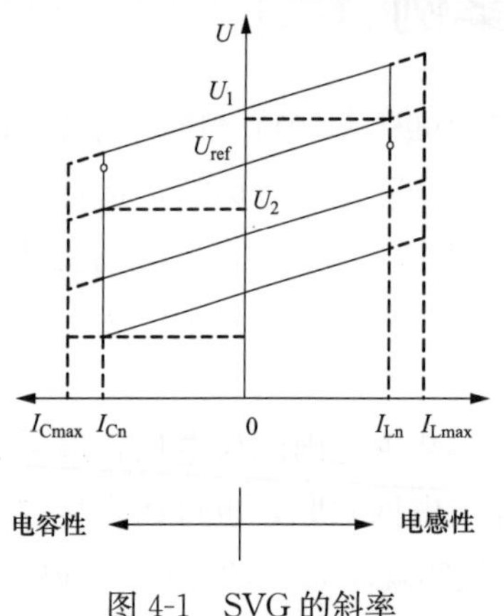

图 4-1 SVG 的斜率

I_{Cn}—额定容性电流；I_{Ln}—额定感性电影；

U_2—在额定容性供电流时的控电压；

U_1—在额定感性电流时的被控电路；

U_{ref}—参考电压

4.1.2 电压特性

SVG 电压特性指标用于评估 SVG 对风电场并网点电压控制与调节的能力。用于控制系统电压的 SVG，其斜率特性应由测量和计算结果进行验证。在闭环电压控制模式下，采用改变参考电压 U_{ref} 来调节 SVG 的无功功率输出，直到获得 SVG 最大感性和容性输出，根据试验结果可以获得其斜率。SVG 的测量斜率值应与斜率设定值相符。

SVG 的斜率是在 SVG 控制范围内，电压、电流变化的标幺值之比见图 4-1。

SVG 的斜率可按式（4-2）和式（4-3）计算

$$V_{SL(inductive)} = \left(\frac{U_1 - U_{ref}}{U_{ref}}\right) \times 100\% \tag{4-2}$$

$$V_{SL(capacitive)} = \left(\frac{U_{ref} - U_2}{U_{ref}}\right) \times 100\% \tag{4-3}$$

其中 总斜率$=V_{SL(inductive)} + V_{SL(capacitiveX)}$

式中 $V_{SL(inductive)}$——感性斜率；

$V_{SL(capacitive)}$——容性斜率。

对于最大感性输出的电压特性斜率，可按式（4-4）计算

$$V_{SL} = \left(\frac{U_{mea} - U_{ref}}{U_{ref}}\right) \times 100\% \tag{4-4}$$

对于最大容性输出的电压特性斜率，可按式（4-5）计算

$$V_{SL} = \left(\frac{U_{ref} - U_{mea}}{U_{ref}}\right) \tag{4-5}$$

式中 V_{SL}——斜率百分比值；

U_{ref}——参考电压，用基准电压标幺值（p. u.）表示；

U_{mea}——SVG 最大无功功率输出时被测母线电压，用基准电压标幺值（p. u.）表示。

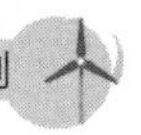

4.1.3 动态特性

SVG 动态特性指标主要用于评估 SVG 装置跟踪无功功率和电压控制的响应速度和控制精确度。对于电压控制的 SVG，采用阶跃变化参考电压值 U_{ref} 以检验 SVG 系统的动态特性。在最小短路水平时 SVG 应不失去稳定，在最大短路水平时保持良好的响应特性。

4.1.4 负载特性

SVG 负载特性指标主要用于评估 SVG 保持系统电压稳定的动态响应能力。通常设置风电场无功补偿装置 SVG 为恒系统电压控制方式，通过改变风电场内某条集电线路的无功出力，验证 SVG 保持系统电压稳定的动态响应能力。

4.2 SVG 性能测试方法

4.2.1 SVG 试验仪器、分工及接线

1. 试验仪器

风电场 SVG 测试指标数据均使用 DEWETRON-5000 进行采集和分析。表 4-1 列出了测试涉及的测量设备。

表 4-1　SVG 性能测试接线端子排信息

设备名称	制造商	型号	序列号	精度
电压互感器	思源电气股份有限公司	JDQXFH-110	HGQ22120192	0.5 级
电流互感器	思源电气股份有限公司	SSTA02	G13108TA01	0.5 级
数据采集装置	DEWETRON	DEWETRON-5000	07140502	0.5 级
电流传感器	DEWETRON	PNA-CLAMP-5	123488	0.5 级
			123505	
			123507	

2. 测试点选择

选择 SVG 并网点（424 开关）的测控柜，风电场典型拓扑结构图及 SVG 性能调节测试点如图 4-2 所示。

SVG 性能测试接线端子排信息见表 4-2。

3. 试验标准

（1）响应时间不超过 50ms。

（2）稳态偏差不超过 1%。

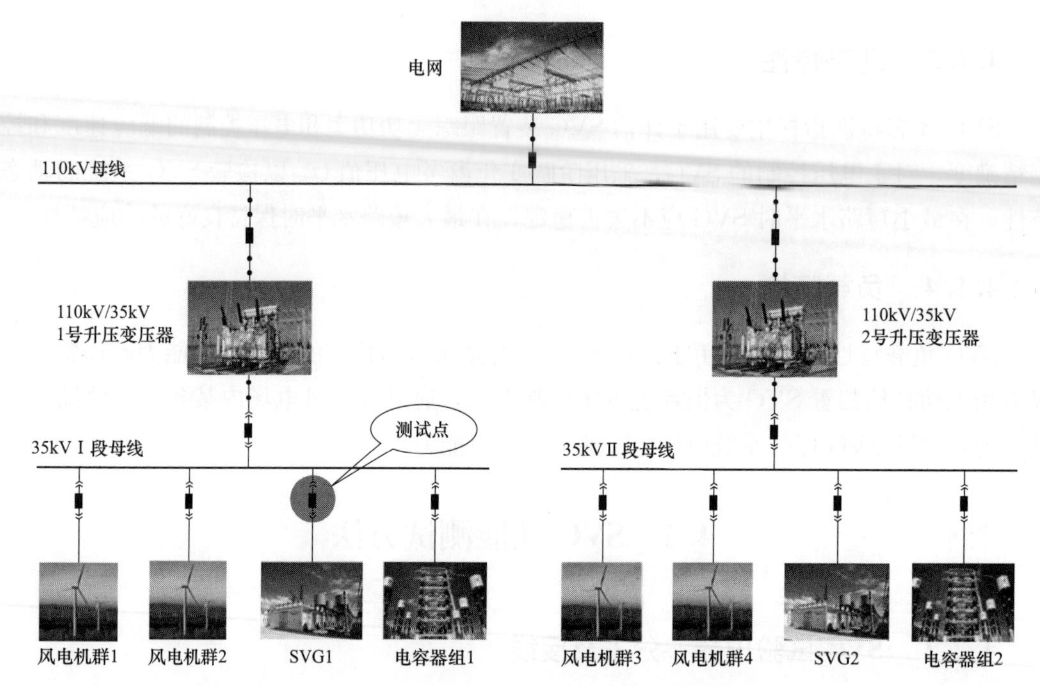

图 4-2 风电场典型拓扑结构图及 SVG 性能调节测试点

表 4-2　　SVG 性能测试接线端子排信息

<table>
<tr><td colspan="4">110kV 线路 502 开关电压电流信号</td></tr>
<tr><td colspan="2">测量取点位置</td><td colspan="2">SVG 控制柜</td></tr>
<tr><td colspan="4">电流线号</td></tr>
<tr><td>A4211</td><td>B4211</td><td>C4211</td><td>N4211</td></tr>
<tr><td colspan="4">柜内端子号</td></tr>
<tr><td>1001a＋</td><td>1004a＋</td><td>1002a＋</td><td></td></tr>
<tr><td colspan="4">电压线号</td></tr>
<tr><td>A610</td><td>B610</td><td>C610</td><td>N610</td></tr>
<tr><td colspan="4">柜内端子号</td></tr>
<tr><td>I-1101a</td><td>I-1102a</td><td>I-1103a</td><td>I-1104a</td></tr>
<tr><td colspan="4">35kV 母线 424 开关（SVG）电压电流信号</td></tr>
<tr><td colspan="2">测量取点位置</td><td colspan="2">SVG 控制柜</td></tr>
<tr><td colspan="4">电流线号</td></tr>
<tr><td>A4532</td><td>B4531</td><td>C4532</td><td>N4531</td></tr>
<tr><td colspan="4">柜内端子号</td></tr>
<tr><td>1005a＋</td><td>1006a＋</td><td>1007a＋</td><td></td></tr>
<tr><td colspan="4">电压线号</td></tr>
<tr><td>A630</td><td>B630</td><td>C630</td><td>N630</td></tr>
<tr><td colspan="4">柜内端子号</td></tr>
<tr><td>1105a</td><td>1106a</td><td>1107a</td><td>1108a</td></tr>
</table>

4. 试验分工

由风电场技术人员负责屏上接线及 SVG 运行方式操作。

由测试单位技术人员负责试验方案编制，测试仪器操作，以及数据分析等工作。

5. 试验接线

SVG 性能试验分为连续运行范围试验、电压特性试验、动态特性试验、负载特性试验，接线方式如下。

（1）现场勘查风电场并网点、SVG 并网点测试屏，设定安全工作区域。

（2）确定风电场并网点的三相 TV、TA 二次信号端子排；根据风电场提供的资料，查找三相电流 A4211、B4211、C4211 端子排，三相电压 A610、B610、C610、N610 端子排。

（3）确定 SVG 并网点的三相 TV、TA 二次信号端子排；根据风电场提供的资料，查找三相电流 A4532、B4531、C4532 端子排，三相电压 A630、B630、C630、N630 端子排。

（4）由测试单位技术人员负责仪器操作，确保仪器可靠接地，三相电压、电流钳接入仪器，且仪器运行正常。

（5）由风电场技术人员将三相电压、电流钳接入测试屏三相 TV、TA 二次信号端子排，由测试单位技术人员确认接线是否正确，仪器显示值与监控屏显示值是否对应。

4.2.2 SVG 试验前检查

1. 准备工作安排

测试前的准备工作包括试验前准备，划分工作区域和填写工作票。SVG 性能测试准备工作内容见表 4-3。

表 4-3 SVG 性能测试准备工作内容

序号	内容	标准	责任人
1	试验前准备	（1）测试前应组织试验人员认真学习《电力安全工作规程》、风电场功率控制特性测试作业指导书、测试方案。 （2）试验人员符合《电力安全工作规程》对人员的要求。 （3）了解风电场现场设备布置，熟悉测量点位置、测量屏、端子排号，核实测试位置、信号采集端口号是否正确。 （4）进入工作现场的所有人员必须戴好安全帽，穿好工作服。 （5）试验仪器、仪表、工器具应试验合格。 （6）进行安全交底和技术交底	
2	划分工作区域	设置安全工作区域，设置“在此工作”标识牌	
3	填写工作票	根据工作任务正确填写工作票	

（1）试验前准备：学习安规，作业指导书和测试方案，了解风电场现场情况，工作人员认真落实安全措施，试验前对实验仪器进行检查，同时试验人员进行安全交底和技术交底。

（2）划分工作区域：设置安全工作区域，设置“在此工作”标识牌。

（3）填写工作票：根据工作任务正确填写工作票。

2. 仪器仪表及工器具检查

测试前应检查试验仪器、仪表及工器具是否合格，风电场电能质量测试评估常用的试验仪器主要包括数据采集系统、试验电源接线板、个人工具包和数字万用表。SVG测试试验仪器、仪表及工器具检查内容见表4-4。

表4-4　　SVG测试试验仪器、仪表及工器具检查内容

序号	名称	规格/编号	单位	数量	备注
1	试验电源接线板（含多用电源插座）	220V/10A	个	2	必须有漏电保护器
2	个人工具包		套	1	个人必须携带工具包
3	数字万用表	FLUKE	台	1	在有效期内
4	数据采集系统	DEWETRON-5000	台	1	在有效期内，有合格标签

3. 危险点及安全技术措施

危险点与安全技术措施是电能质量测试前必须落实的安全措施，必须按照表4-5所列的内容对危险点及安全技术措施进行检查，以确保试验人员、电网和设备的安全。危险点及安全技术措施主要包括核实实际接线是否与图纸一致，核对回路接线，落实监护人、工作票制度，落实设备电气保护措施等事项。

表4-5　　SVG测试危险点及安全技术措施内容

序号	内容
1	做安全技术措施前应先检查现场安全技术措施和实际接线及图纸是否一致，如发现不一致，应及时向专业技术人员汇报，经确认无误后及时修改，修改正确后严格执行现场安全技术措施
2	工作时应认真核对回路接线，如需拆头，应用绝缘胶布包好，并做好记录，防止二次交、直流电压回路短路、接地，联跳回路误跳运行设备
3	严格执行监护人监护制度
4	严格执行工作票制度
5	试验仪器应可靠接地
6	防止TA回路开路和TV回路短路
7	防止误入带电间隔，造成人身触电
8	防止安全措施不全造成人身触电
9	防止试验电源无漏电保护器造成人身触电
10	满足测试仪器长时间实时测试的需要，制定相应的安全措施

4.2.3　SVG试验步骤

1. SVG连续运行范围测试

（1）根据4.2.1完成试验接线。

（2）恒系统无功控制模式下连续运行范围试验。风电场技术人员负责监测110kV系

统母线电压运行状况，选择电压较低（115～116kV）的工况下进行装置输出感性无功测试。待达到测试工况要求后，风电场操作人员负责将 SVG 控制器设定为恒系统无功控制模式，并以 SVG 未投入时风电场出线线路的实测无功功率值作为系统无功功率的初始参考值。然后，风电场操作人员负责依次设定系统输出感性无功功率参考值为数个先递增再递减的典型值，每次持续时间 15min，使 SVG 输出感性无功功率及电流从 0 逐渐增至额定值，再递减至 0。风电场技术人员负责监测 110kV 系统母线电压运行状况，选择电压较高（117～118kV）的工况下进行装置输出容性无功测试。待达到测试工况要求后，风电场操作人员负责将 SVG 控制器设定为恒系统无功控制模式，并以 SVG 未投入时风电场出线线路的实测无功功率值作为系统无功功率的初始参考值。然后风电场操作人员负责依次设定系统输出容性无功功率参考值为数个先递增再递减的典型值，每次持续时间 15min，使 SVG 输出容性无功功率及电流从 0 逐渐增至额定值，再递减至 0。电力科学研究院测试人员负责记录测试结果，并将测试数据填入表 4-6 中。

表 4-6　　SVG 恒系统无功控制模式下，无功功率测试数据

系统无功功率参考值（Mvar）	测量值（Mvar）	
	SVG 输出的无功功率	系统输出的无功功率

（3）恒系统电压控制模式下连续运行范围试验。风电场技术人员负责监测 110kV 系统母线电压运行状况，选择电压较低（115～116kV）的工况下进行装置输出感性无功测试。待达到测试工况要求后，风电场操作人员负责将 SVG 设定为恒系统电压控制模式，并以 SVG 未投入时系统母线运行电压值作为系统母线电压的初始参考值。然后，风电场操作人员负责依次将系统电压参考值设定为高于系统母线运行电压的数个典型数值，每次持续时间 15min，使 SVG 输出感性无功功率及电流从 0 逐渐增至额定值，再递减至 0。风电场技术人员负责监测 110kV 系统母线电压运行状况，选择电压较高（117～118kV）的工况下进行装置输出容性无功测试。待达到测试工况要求后，风电场操作人员负责将 SVG 设定为恒系统电压控制模式，并以 SVG 未投入时系统母线运行电压值作为系统母线电压的初始参考值。然后，风电场操作人员负责依次将系统电压参考值设定为低于系统母线运行电压的数个典型数值，每次持续时间 15min，使 SVG 输出容性无功功率及电流从 0 逐渐增至额定值，再递减至 0。现场测试人员负责记录测试结果，并将测试数据填入表 4-7 中。

表 4-7　　SVG 恒系统电压控制模式下，无功功率测量数据

系统母线电压参考值（kV）	测量值	
	SVG 输出的无功功率（Mvar）	系统母线电压（kV）

2．电压特性测试

与 SVG 连续进行范围测试的第（3）步同时进行，根据上述试验结果计算 SVG 电压调整曲线，并将其计算结果填入表 4-8 中。

表 4-8　SVG 电压特性试验测量和计算数据

系统母线参考电压（kV）	测量值		计算值	
	SVG 输出的无功功率（Mvar）	系统母线电压（kV）	感性/容性斜率（%）	SVG 总斜率（%）

3．动态特性测试

（1）恒系统无功控制模式下动态特性试验：风电场技术人员负责监测 110kV 系统母线电压运行状况，选择电压较低（115～116kV）的工况下进行装置输出感性无功测试。待达到测试工况要求后，风电场操作人员负责将 SVG 控制器设定为恒系统无功控制模式，并根据试验结果确定系统无功的阶跃变化参考值 ΔQ_1，实现 SVG 输出的感性无功功率能从 0 到额定值再到 0 的阶跃变化。然后，风电场操作人员负责调整系统无功参考值由不投 SVG 时风电场出线线路的实测无功功率值阶跃上升 $|\Delta Q_1|$，然后再阶跃下降 $|\Delta Q_1|$，每次持续时间 5min。风电场技术人员负责监测 110kV 系统母线电压运行状况，选择电压较高（117～118kV）的工况下进行装置输出容性无功测试。待达到测试工况要求后，风电场操作人员负责将 SVG 控制器设定为恒系统无功控制模式，并根据试验结果确定系统无功的阶跃变化参考值 ΔQ_2，实现 SVG 输出的容性无功功率能从 0 到额定值再到 0 的阶跃变化。然后，风电场操作人员负责调整系统无功参考值由不投 SVG 时风电场出线线路的实测无功功率值阶跃下降 $|\Delta Q_2|$，然后再阶跃上升 $|\Delta Q_2|$，每次持续时间 5min。风电场技术人员负责监测 110kV 系统母线电压运行状况，选择电压适中（116～117kV）的工况下进行装置输出感性无功-容性无功阶跃变化测试。待达到测试工况要求后，风电场操作人员负责将 SVG 控制器设定为恒系统无功控制模式。调整系统无功参考值由不投 SVG 时风电场出线线路的实测无功功率值阶跃上升 $|\Delta Q_1|$，然后再阶跃下降 $|\Delta Q_1|+|\Delta Q_2|$，最后再阶跃上升 $|\Delta Q_1|+|\Delta Q_2|$，每次持续时间 5min。电力科学研究院测试人员负责记录测试结果，并将测试数据填入表 4-9 中。

表 4-9　SVG 恒系统无功控制模式下，动态特性试验测量数据

系统无功参考值阶跃变化（Mvar）	测量值	
	SVG 补偿容量（Mvar）	SVG 响应时间（ms）

(2) 恒系统电压控制模式下动态特性试验：风电场技术人员负责监测110kV系统母线电压运行状况，选择电压较低（115～116kV）的工况下进行装置输出感性无功测试。待达到测试工况要求后，风电场操作人员负责将SVG控制器设定为恒系统电压控制模式，并根据试验结果可确定系统电压的阶跃变化参考值ΔU_1，实现SVG输出的感性无功功率能从0到额定值再到0的阶跃变化。然后，风电场操作人员负责调整系统电压参考值由不投SVG时系统母线运行电压值阶跃上升$|\Delta U_1|$，然后再阶跃下降$|\Delta U_1|$，每次持续时间5min。风电场技术人员负责监测110kV系统母线电压运行状况，选择电压较高（117～118kV）的工况下进行装置输出容性无功测试。待达到测试工况要求后，风电场操作人员负责将SVG控制器设定为恒系统电压控制模式，并根据试验结果确定系统电压的阶跃变化参考值ΔQ_2，实现SVG输出的容性无功功率能从0到额定值再到0的阶跃变化。然后，风电场操作人员负责调整系统电压参考值由不投SVG时系统母线运行电压值阶跃下降$|\Delta U_2|$，然后再阶跃上升$|\Delta U_2|$，每次持续时间5min。风电场技术人员负责监测110kV系统母线电压运行状况，选择电压适中（116～117kV）的工况下进行装置输出感性无功-容性无功阶跃变化测试。风电场操作人员负责将SVG控制器设定为恒系统电压控制模式，并调整系统无功参考值由不投SVG时系统母线运行电压值阶跃上升$|\Delta U_1|$，然后再阶跃下降$|\Delta U_1|+|\Delta U_2|$，最后再阶跃上升$|\Delta U_1|+|\Delta U_2|$，每次持续时间5min。现场测试人员负责记录测试结果，并将测试数据填入表4-10中。

表4-10　　SVG恒系统电压控制模式下，动态特性试验测量数据

系统母线电压参考值阶跃变化（kV）	测量值	
	SVG2补偿容量（Mvar）	SVG2响应时间（ms）

4. 负载特性测试

(1) 恒系统无功控制模式下负载特性试验：风电场技术人员负责监测110kV系统母线电压运行状况，选择电压较低（115～116kV）的工况下进行装置输出感性无功测试。待达到测试工况要求后，风电场操作人员负责设定SVG控制器为恒系统无功控制模式；设定系统无功功率参考值为SVG均未投入时风电场出线线路的实测无功功率值。然后风电场操作人员负责调整风力发电机输出容性无功功率，从0阶跃变化到$|\Delta Q_3|$，再阶跃变化到0，每次持续时间5min。使SVG相应从0阶跃变化到一定的感性无功输出，再阶跃变化到0。风电场技术人员负责监测110kV系统母线电压运行状况，选择电压较高（117～118kV）的工况下进行装置输出容性无功测试。待达到测试工况要求后，风电场操作人员负责设定SVG控制器为恒系统无功控制模式；设定系统电压参考值为SVG均未投入时风电场出线线路的实测无功功率值。然后，风电场操作人员负责调整风力发电机输出感性无功功率，从0阶跃变化到$|\Delta Q_3|$，再阶跃变化到0，每次持续时间5min。使

SVG 相应从 0 阶跃变化到一定的容性无功输出，再阶跃变化到 0。电力科学研究院测试人员负责记录测试结果，并将测试数据填入表 4-11 中。

表 4-11　　SVG 恒系统无功控制模式下，负载特性试验测量数据

控制风力发电机输出无功阶跃变化（Mvar）	测量值	
	SVG 补偿容量（Mvar）	SVG 响应时间（ms）

（2）恒系统电压控制模式下负载特性试验：风电场技术人员负责监测 110kV 系统母线电压运行状况，选择电压在（115～118kV）的工况下进行测试。待达到测试工况要求后，风电场操作人员负责设定 SVG 控制器为恒系统电压控制模式；设定系统电压参考值为 SVG 未投入时系统母线运行电压值。然后，风电场操作人员负责调整风力发电机输出容性无功功率，从 0 阶跃变化到 $|\Delta Q_3|$，再阶跃变化到 0，每次持续时间 5min。使 SVG 相应从 0 阶跃变化到一定的感性无功输出，再阶跃变化到 0。风电场操作人员负责调整风力发电机输出感性无功功率，从 0 阶跃变化到 $|\Delta Q_3|$，再阶跃变化到 0，每次持续时间 5min。使 SVG 相应从 0 阶跃变化到一定的容性无功输出，再阶跃变化到 0。电力科学研究院测试人员负责记录测试结果，并将测试数据填入表 4-12 中。

表 4-12　　SVG 恒系统电压控制模式下，负载特性试验测量数据

控制风力发电机输出无功阶跃变化（Mvar）	测量值	
	SVG 补偿容量（Mvar）	SVG 响应时间（ms）

4.3　SVG 调节性能现场检测与评估案例

风电场无功补偿装置（SVG）并网性能测试内容为恒无功控制方式和恒电压控制方式两种不同控制方式下连续运行范围、电压特性、动态特性和负载特性。

4.3.1　无功补偿装置连续运行范围实测结果

1. *恒无功控制方式*

风电场无功补偿装置（SVG）运行在恒无功控制方式下，调节 SVG 的无功输出指令由 0 逐步变化至额定感性无功值，调节 SVG 的无功输出指令由 0 逐步变化至额定容性无功值。测试期间，恒无功控制方式下 SVG 系统输出的无功功率变化曲线，如图 4-3 所示。恒无功控制模式下试验结果见表 4-13。图 4-3 中，正值表示 SVG 输出感性无功，负值表示 SVG 输出容性无功。

在标称电压下，实际测量的感性无功容量和容性无功容量分别为 4. 8Mvar 和 4. 7Mvar。

表 4-13　　　　恒无功控制模式下试验结果

SVG 装置无功功率参考值（Mvar）	1 号 SVG 装置（406 开关）输出的无功功率	
	测量值（Mvar）	稳态误差（%）
0.0	0.3	—
2.5	2.4	4.0
5	4.7	6.0
2.5	2.4	4.0
0.0	0.3	—
−2.5	−2.4	4.0
−5.0	−4.8	4.0
−2.5	−2.4	4.0
0.0	0.3	—

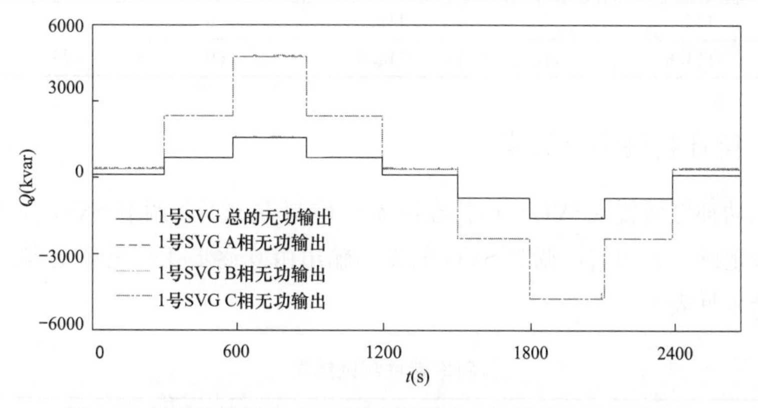

图 4-3　恒无功控制方式下 SVG 系统输出的无功功率变化曲线

2. 恒电压控制方式

风电场无功补偿装置（SVG）运行在恒电压控制方式下，逐步调高系统电压参考值至 SVG 额定感性无功功率输出，逐步调低系统电压参考值至 SVG 额定容性无功功率输出。测试期间，恒电压控制方式下 110kV 并网点电压和 SVG 系统输出总无功功率变化曲线如图 4-4 所示。恒电压控制模式下试验结果见表 4-14。

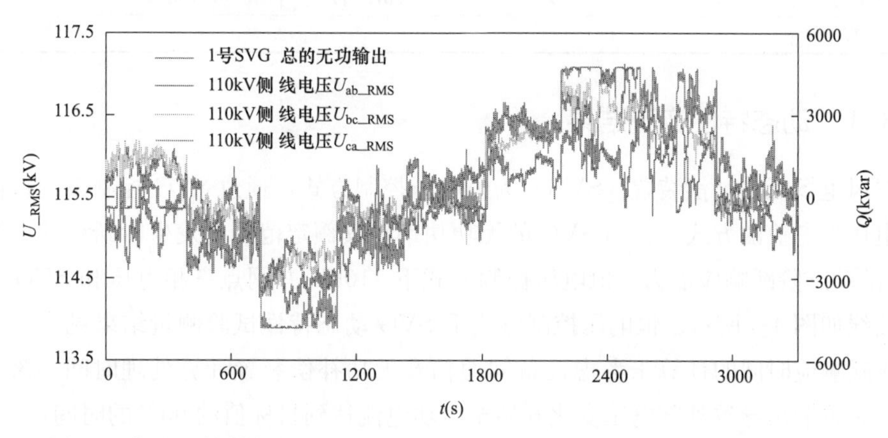

图 4-4　恒电压控制方式下 110kV 并网点电压和 SVG 系统输出总无功功率变化

表 4-14　　恒电压控制模式下试验结果

系统线电压参考值（kV）	110kV 并网点（502 断路器）线电压					
	测量值（kV）			稳态偏差（%）		
	A-B 相	B-C 相	C-A 相	A-B 相	B-C 相	C-A 相
115.6	116.1	116.2	114.6	0.43	0.52	0.87
114.9	115.9	115.6	115.8	0.87	0.61	0.78
114.3	115.2	115.0	114.8	0.79	0.61	0.44
114.9	115.4	115.7	115.9	0.44	0.70	0.87
115.6	116.1	114.9	116.1	0.43	0.61	0.43
116.3	116.8	116.0	115.5	0.43	0.26	0.69
116.7	115.7	116.2	115.4	0.86	0.43	1.11
116.3	115.3	115.9	115.3	0.86	0.34	0.86
115.6	114.8	115.3	114.9	0.69	0.26	0.61

4.3.2　电压特性测试结果

风电场无功补偿装置（SVG）运行在恒无功控制方式下，调节 SVG 的无功输出由 0 逐步变化至额定感性无功值，调节 SVG 的无功输出由 0 逐步变化至额定容性无功值，斜率特性测试结果见表 4-15。

表 4-15　　斜率特性测试结果

感性测试				
SVG 装置输出电流（A）	5.34	37.83	75.54	—
35kV 母线线电压（kV）	37.124	36.848	36.613	—
感性斜率（%）	1.67			
容性测试				
SVG 装置输出电流（A）	5.58	37.31	73.38	—
35kV 母线线电压（kV）	36.987	37.365	37.788	—
容性斜率（%）	2.79			

4.3.3　动态特性实测结果

设置风电场无功补偿装置（SVG）为恒电压控制方式，通过 SVG 控制系统调高或调低系统电压参考值的方式，控制 SVG 的无功功率在其额定范围内发生阶跃变化，从而验证 SVG 的动态阶跃响应能力。恒电压控制方式下 110kV 并网点三相电压和 SVG 无功功率变化曲线如图 4-5 所示。恒电压控制方式下 SVG 动态特性试验测量结果见表 4-16。本节中，阶跃响应时间的计算未考虑设备间通信及无功补偿装置计算处理时间，该时间为无功补偿装置输出导致外部电压变化开始至无功电流达到目标值的 90%的时间。

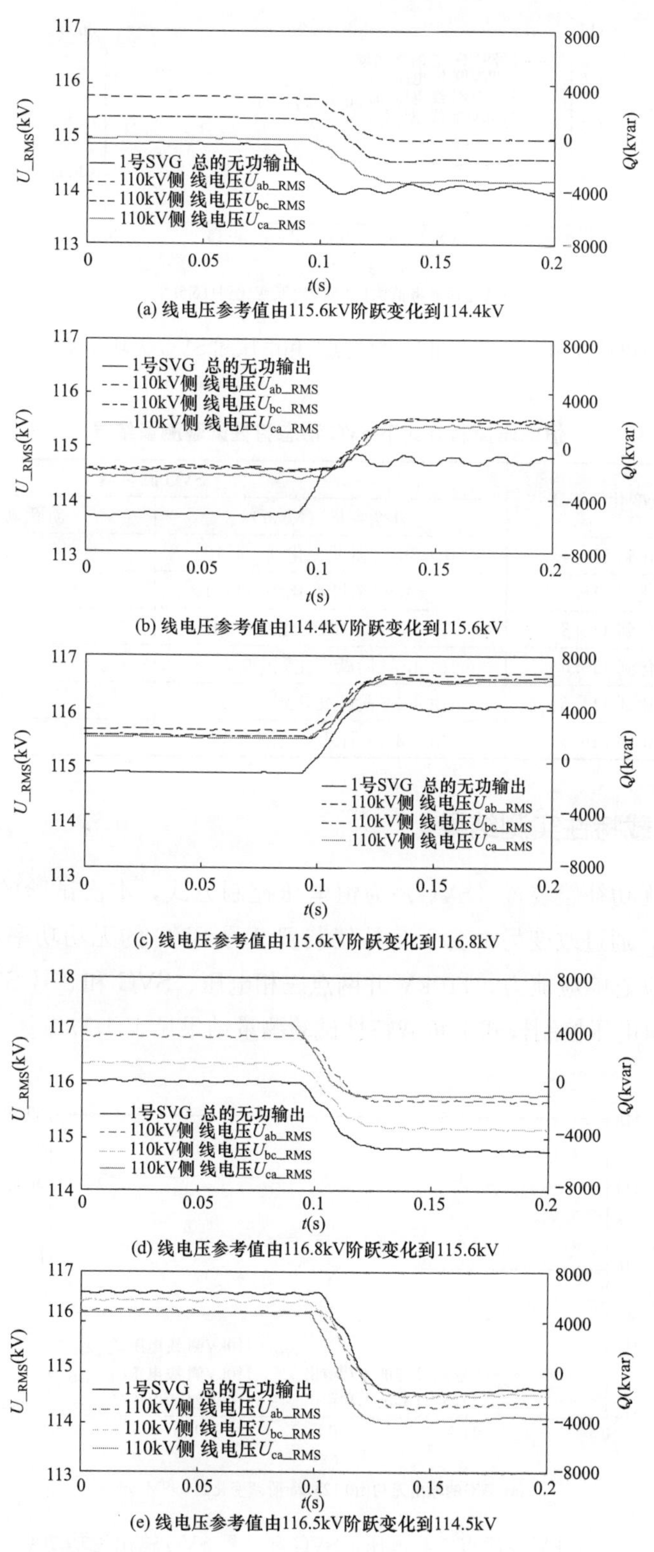

(a) 线电压参考值由115.6kV阶跃变化到114.4kV

(b) 线电压参考值由114.4kV阶跃变化到115.6kV

(c) 线电压参考值由115.6kV阶跃变化到116.8kV

(d) 线电压参考值由116.8kV阶跃变化到115.6kV

(e) 线电压参考值由116.5kV阶跃变化到114.5kV

图 4-5　恒电压控制方式下 110kV 并网点三相电压和 SVG 无功功率变化曲线（一）

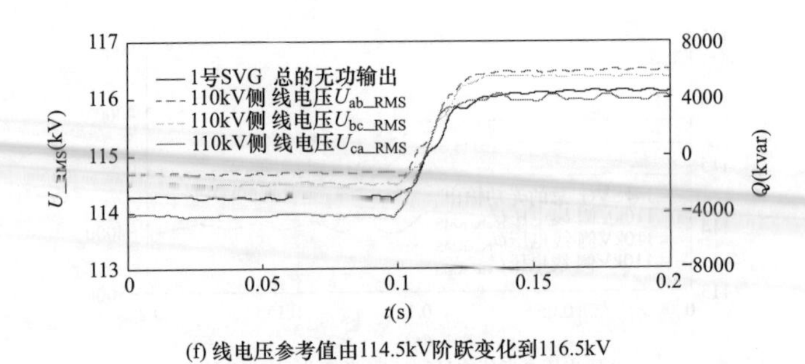

(f) 线电压参考值由114.5kV阶跃变化到116.5kV

图 4-5 恒电压控制方式下 110kV 并网点三相电压和 SVG 无功功率变化曲线（二）

表 4-16 恒电压控制方式下 SVG 动态特性试验测量结果

线电压参考值阶跃变化（kV）	SVG 测量值	
	补偿容量（Mvar）	阶跃响应时间（ms）
由 115.6 阶跃变化到 114.4	由－0.52 阶跃变化到－4.19	24.4
由 114.4 阶跃变化到 115.6	由－4.62 阶跃变化到－1.31	25.4
由 115.6 阶跃变化到 116.8	由－0.62 阶跃变化到 4.21	27.9
由 116.8 阶跃变化到 115.6	由 4.76 阶跃变化到－0.52	25.2
由 116.5 阶跃变化到 114.5	由 4.78 阶跃变化到－3.31	28.2
由 114.5 阶跃变化到 116.5	由－3.81 阶跃变化到 4.15	21.1

4.3.4 负载特性实测结果

设置风电场无功补偿装置（SVG）为恒电压控制方式，本次试验的系统电压参考值设定为 115.5kV，通过改变另一套无功补偿装置 2 号 SVG 的无功功率，验证 SVG 保持系统电压稳定的动态响应能力。110kV 并网点三相电压、SVG 和 2 号 SVG 输出无功功率如图 4-6 所示。恒电压控制模式下负载特性试验测量结果见表 4-17。

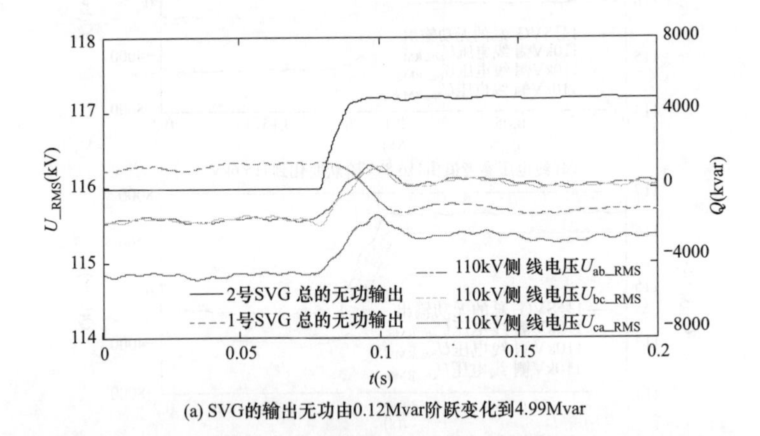

(a) SVG的输出无功由0.12Mvar阶跃变化到4.99Mvar

图 4-6 110kV 并网点三相电压、SVG 和 2 号 SVG 输出无功功率（一）

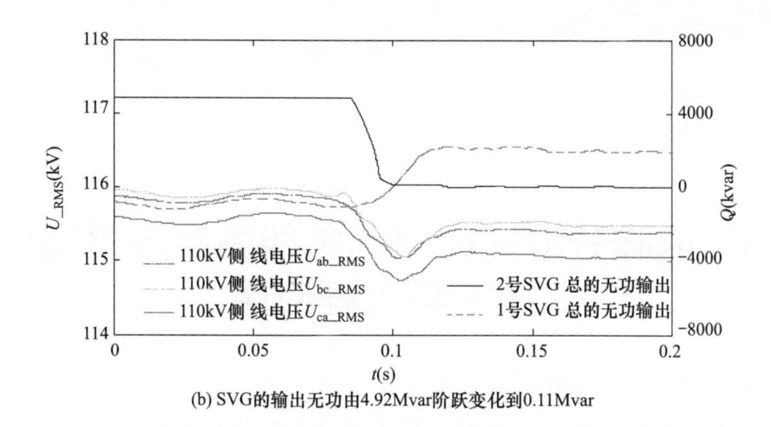

(b) SVG的输出无功由4.92Mvar阶跃变化到0.11Mvar

图 4-6　110kV 并网点三相电压、SVG 和 2 号 SVG 输出无功功率（二）

表 4-17　恒电压控制模式下负载特性试验测量结果

SVG 输出无功阶跃变化（Mvar）	SVG 测量值	
	补偿容量（Mvar）	阶跃响应时间（ms）
由 0.12 阶跃变化到 4.91	4.79	17.9
由 4.92 阶跃变化到 0.11	4.81	15.9

5　内陆分散式风电场电能质量改善调试技术与工程应用

分散式风电主要应用在风速相对较低的中东部区域，直驱风电机组因在低风速环境下具备发电效率高，传动损耗小的优势，成为内陆分散式风电市场的主流机型。直驱风电场通过逆变器将能量输送至电网或本地交流负荷，这些含大量电力电子器件的逆变装置产生的谐波呈现宽频域特征，在网络谐振作用下引起的谐波谐振问题会给电网带来严重危害，内陆低速风电场的谐波问题是其并网面临的主要问题之一。内陆低速风电场谐波控制和治理的难度很大，主要表现如下：风电场谐波动态模型建模难度大，谐波产生机理不清晰；风电机组谐波输出水平控制能力不足，导致山地式风电场的并网性能差，非正常脱网概率高，这已成为制约山地式风电场建设和发展的关键问题。因此，开展山地式风电场电能质量改善调试技术研究，对建设友好型山地风电场具有重要意义。

5.1　风电场谐波产生机理

直驱风电机组结构示意，如图 5-1 所示。永磁同步发电机产生三相交流电经机侧变流器得到直流电，直流电经网侧变流器逆变成交流电流向电网。直驱风电机组机侧变流器和网侧变流器因脉冲宽度调制（PWM）及器件的死区效应会产生相应的谐波。考虑到直驱风电机组机侧变流器和网侧变流器之间存在直流稳压电容，稳态时稳压电容上的电压值在控制作用下保持恒定，因此，其机侧变流器产生的谐波不会对电网产生影响。所以在研究直驱风电机组和光伏发电系统产生的谐波对电网产生影响时，可以只考虑网侧变流器产生谐波的影响。

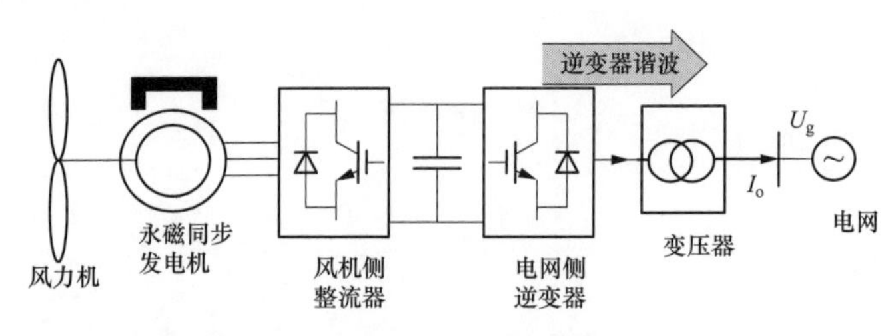

图 5-1　直驱风电机组结构示意

5.1.1　PWM 调制谐波

大功率电力电子装备一般采用空间矢量脉冲宽度调制（SVPWM），对于 SVPWM 调

制，产生的主要谐波集中在开关频率及其整数倍附近，并且随着调制比增加，低次谐波分量增加而高次谐波分量减小，但是总谐波畸变率降低。SVPWM 调制的优点是直流电压利用率高、总谐波畸变相对正弦脉冲宽度调制（SPWM）小，但是其算法较为复杂，所以在新能源并网发电中较少应用，这里只对其谐波原理作简要分析。

SVPWM 用 6 个开关管对应 8 个电压矢量（其中 2 个为零矢量，其余矢量长度为 $2U_{dc}/3$）将空间划分为 6 个扇区，并在每个开关周期内用某扇区邻近的两个矢量和零矢量的组合去逼近待输出的电压矢量。

采用数字控制实现空间矢量调制，设开关频率次数为 m，调制波频率次数为 n，调制比为 M，采用自然采样的 SVPWM 调制策略。和 SPWM 类似，SVPWM 调制产生的线电压谐波为 $m\omega_c \pm n\omega_r$，谐波幅值计算公式为

$$U_{abh}=\frac{4\sqrt{3}U_{dc}}{m\pi^2}\left\{\begin{array}{l}\frac{\pi}{6}\sin\left[(m+n)\frac{\pi}{2}\right]\left[J_n\left(m\frac{3\pi}{4}M\right)+2\cos n\frac{\pi}{6}J_n\left(m\frac{\sqrt{3}\pi}{4}M\right)\right]+\\ \left.\frac{1}{n}\sin n\frac{\pi}{2}\cos n\frac{\pi}{2}\sin n\frac{\pi}{6}\left[J_0\left(m\frac{3\pi}{4}M\right)+J_0\left(m\frac{\sqrt{3}\pi}{4}M\right)\right]\right|_{n\neq 0}+\\ \sum\limits_{\substack{k=1\\(k\neq -n)}}^{\infty}\left\{\begin{array}{l}\frac{1}{n+k}\sin\left[(m+k)\frac{\pi}{2}\right]\cos\left[(n+k)\frac{\pi}{2}\right]\sin\left[(n+k)\frac{\pi}{6}\right]\\ \times\left\{J_k\left(m\frac{3\pi}{4}M\right)+2\cos\left[(2n+3k)\frac{\pi}{6}\right]J_k\left(m\frac{\sqrt{3}\pi}{4}M\right)\right\}\end{array}\right\}+\\ \sum\limits_{\substack{k=1\\(k\neq n)}}^{\infty}\left\{\begin{array}{l}\frac{1}{n-k}\sin\left[(m+k)\frac{\pi}{2}\right]\cos\left[(n-k)\frac{\pi}{2}\right]\sin\left[(n+k)\frac{\pi}{6}\right]\\ \times\left\{J_k\left(m\frac{3\pi}{4}M\right)+2\cos\left[(2n-3k)\frac{\pi}{6}\right]J_k\left(m\frac{\sqrt{3}\pi}{4}M\right)\right\}\end{array}\right\}\end{array}\right\} \tag{5-1}$$

式中 k——累加项次数，理论上 k 取到无穷值，实际累加至 $k=10$ 就能计算得到精确度满足要求的谐波幅值。

以上是 SVPWM 谐波幅值计算公式，其谐波频率主要集中在开关频率整数倍附近。SVPWM 调制谐波线电压傅里叶变换（FFT）分析，如图 5-2 所示，其中开关频率为 2000Hz，从图中可看出与 SPWM 类似，SVPWM 调制方式输出的谐波呈开关频率整倍数边带分布。

SVPWM 调制谐波线电压幅值仿真与计算结果对比如图 5-3 所示。与式（5-1）理论计算结果对比可知，图 5-3 中仿真结果与理论计算结果一致。

SPWM 调制谐波和 SVPWM 调制谐波对比如图 5-4 所示，从图中可看出，两种调制方式产生的谐波都分布在开关一倍频和二倍频附近（更高次的谐波很容易通过滤波器滤除，在此不予考虑），不同的是 SVPWM 在 $m=1$，$n=2$、4 和 $m=2$，$n=1$、5 处谐波幅值都比较明显，而 SPWM 仅在 $m=1$，$n=2$ 和 $m=2$，$n=1$ 处谐波幅值比较明显，即 SVPWM 比 SPWM 多出 4 条谐波带（对应 2000Hz 载波频率为 36、44、75、85 次谐波）；在较低频率（一倍频附近），SVPWM 谐波幅值比 SPWM 小，而在较高频率（二倍频附

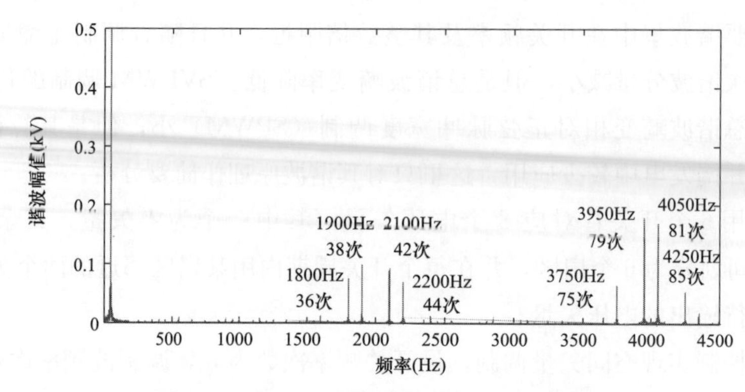

图 5-2　SVPWM 调制谐波线电压 FFT 分析

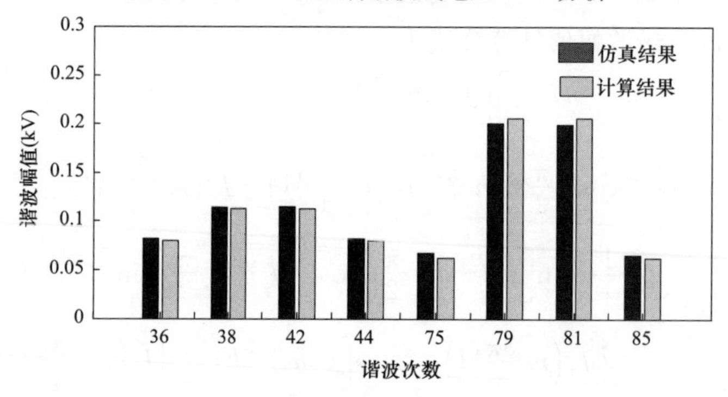

图 5-3　SVPWM 调制谐波线电压幅值仿真与计算结果对比

近)，SVPWM 谐波幅值比 SPWM 大。以上两点为 SPWM 调制谐波和 SVPWM 调制谐波的显著区别，结合实际工程经验，SPWM 调制和 SPVWM 调制各自的优缺点总结起来就是 SPWM 算法简单、可靠，但直流电压利用率低、调制产生的谐波电压低次谐波分量幅值较大；SVPWM 算法复杂、调制产生的谐波较多，但直流侧电压利用率高、低次谐波幅值较小。

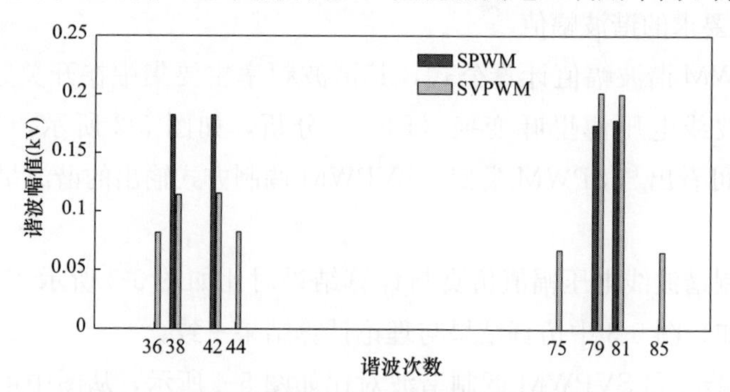

图 5-4　SPWM 调制谐波和 SVPWM 调制谐波对比

5.1.2　开关器件死区效应产生的谐波

新能源发电系统整流及逆变装置中常用的全控型电力电子器件主要有绝缘栅双极型晶体管（IGBT）、功率金属氧化物半导体场效应管（MOSFET）等。其中，IGBT 因其功率大、耐高压、开关频率较高等优点而被广泛使用。开关器件 IGBT 在使用时主要考虑的

参数有持续正向电流、最大正向电流、反向漏电电流、基极开启电压、集电极耐压及死区时间等。其中，只有器件的死区时间会对逆变器谐波特性产生影响。开关器件死区效应产生谐波原理与逆变器功率器件的续流回路有关，其原理阐述如下：

以 A 相桥臂为例，假设电流 i_a 流出桥臂为正电流，流入桥臂为负电流，逆变器 A 相桥臂电流方向示意如图 5-5 所示。一个开关过程的 A 相电压波形如图 5-6 所示。

当 $i_a>0$ 时，死区存在于两个开关时刻：①VT1 导通，VT4 关断；②VT1 关断，VT4 导通。通过分析这两个死区时间内的电流续流回路，可得实际电压如图 5-6（d）所示。同理，当 $i_a<0$ 时，实际电压如图 5-6（e）所示。

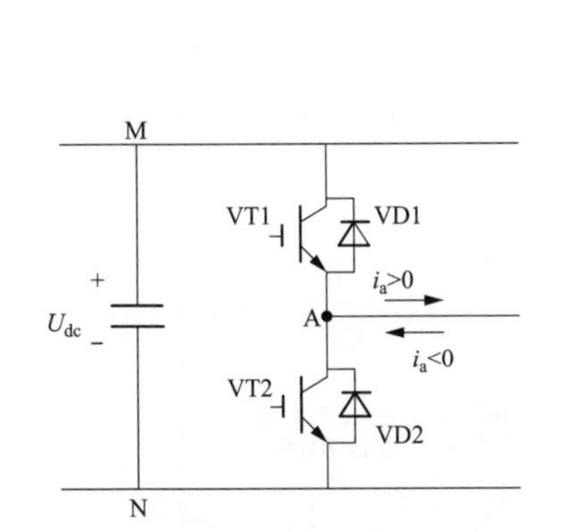

图 5-5 逆变器 A 相桥臂电流方向示意

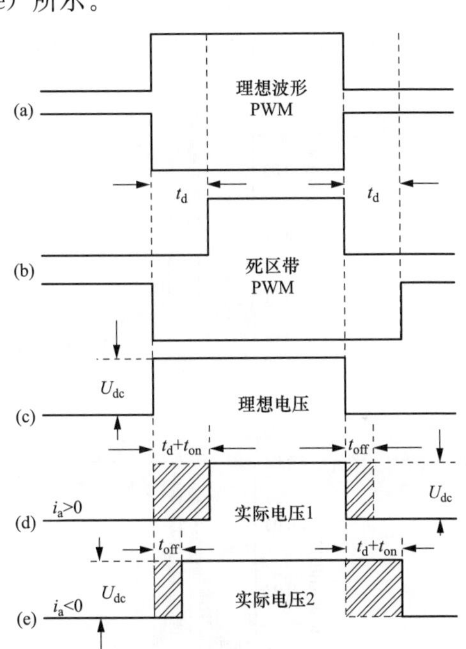

图 5-6 一个开关过程的 A 相电压波形

t_d—死区时间；t_{on}—功率管导通时间；

t_{off}—功率管关断时间；U_{dc}—直流母线电压

由以上分析可知，实际输出电压与理想输出电压相差一个脉冲误差电压。采用等时间电压面积法，可得误差电压平均值 Δu_{AN} 为

$$\Delta u_{AN}=\begin{cases} f_c T_d U_{dc} & i_a>0 \\ -f_c T_d U_{dc} & i_a<0 \end{cases} \tag{5-2}$$

其中
$$t_d=t_d+t_{on}-t_{off}$$

式中 f_c——载波频率。

通过对死区时间形成的误差电压进行傅里叶分解可得到谐波电压，即为逆变器输出的低次谐波电压 U_{Tdh}

$$U_{Tdh}=\frac{4f_c t_d U_{dc}}{n\pi}\sin n(\omega_r t-\varphi) \qquad (n=3,5,7,\cdots) \tag{5-3}$$

从式（3-6）可看出，由死区效应产生的谐波频率与谐波次数成正比，为 3、5、7 等奇数次；谐波幅值与开关频率、死区时间及直流侧电压成正比，与谐波次数成反比，随着谐波次数增大，谐波幅值可忽略不计，所以死区效应产生的电压谐波主要为 3、5、7、9 等低次。

开关器件死区时间通常为几个微秒，只有当开关频率较高时死区时间在一个开关周期所占时间较大，死区效应才较为明显。设置死区时间为 6μs，死区时间对逆变器输出电压的影响如图 5-7 所示。由图 5-7 可知，开关频率为 10000Hz 时，死区时间的存在使 5、7 次谐波明显增加；但当开关频率为 2000Hz 时，死区时间所占一个开关周期比重较小，死区效应产生的谐波不明显。因此，对于实际大功率逆变器来说，其开关频率较低，一般为 1000～3000Hz，由死区效应产生的谐波可忽略不计。

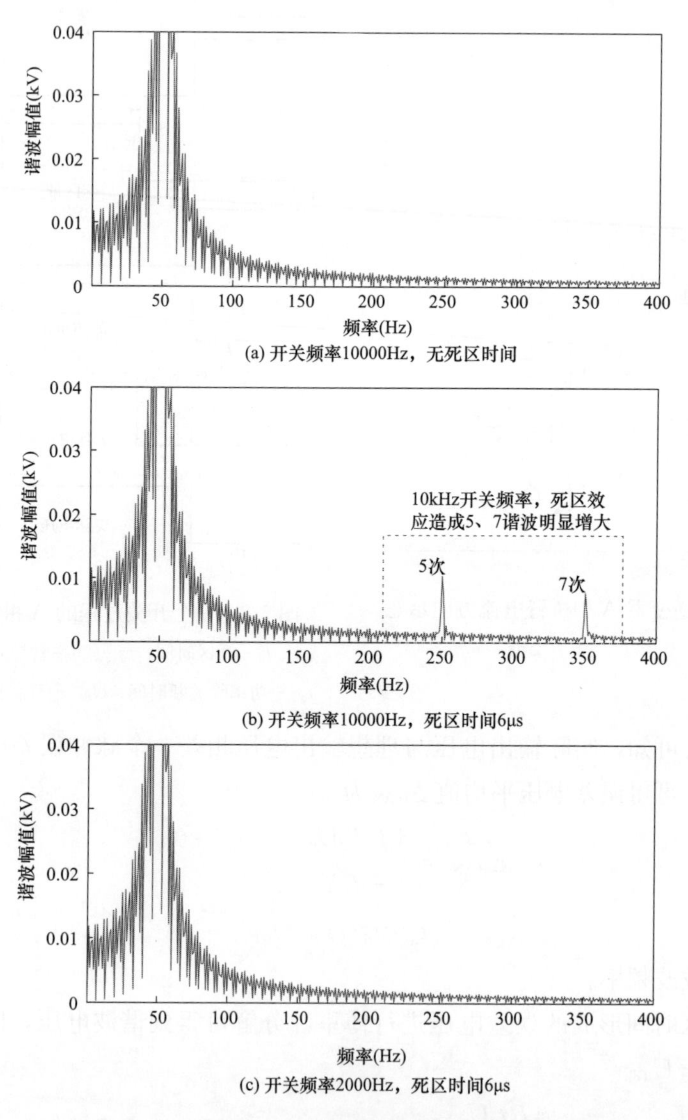

(a) 开关频率10000Hz，无死区时间

(b) 开关频率10000Hz，死区时间6μs

(c) 开关频率2000Hz，死区时间6μs

图 5-7　死区时间对逆变器输出电压的影响

5.2 风电场谐波主要影响因素

5.2.1 滤波器结构

主电路滤波器在并网逆变器中起着重要作用，逆变器交流侧滤波器通常有两种结构，即 LCL 滤波器和 L 滤波器。两种典型滤波器结构如图 5-8 所示。

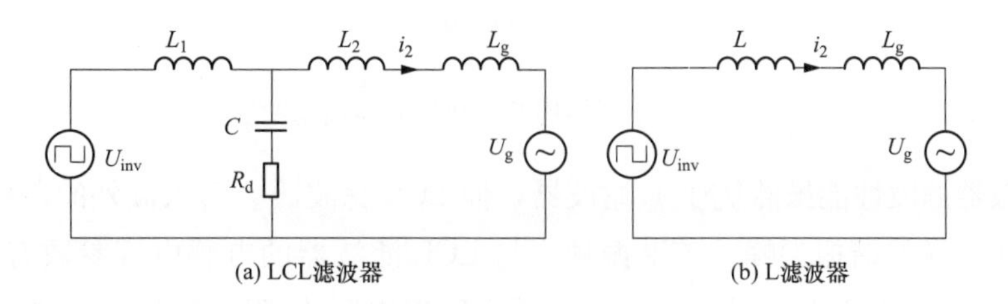

图 5-8 两种典型滤波器结构

U_{inv}—逆变器 PWM 输出电压；L_1—逆变器侧滤波电感；L_2—网侧滤波电感；L_g—电网等效电感；C—滤波电容；R_d—电容支路电阻；U_g—电网电压

图 3-3（a）中，电感上的等效电阻均被忽略。与 L 滤波器相比，LCL 滤波器增加了滤波电感 L_2 和滤波电容 C。其基本原理是 L_2 和 C 对逆变器桥臂输出的高频纹波电流进行分流，滤波电容 C 为高频分量提供低阻抗通路，这样就有效地减少了 L_2 上电流 i_2（电网电流）的高频分量。

电网电感 L_g 串联在电路中，在分析中可与电感 L_2 或 L 合并。不考虑电网电压，可得到两种结构滤波器中逆变器输出的电网电流 i_2 与逆变器输出电压 U_{inv}之间的传递函数分别为

$$G_{LCL}(s)=\frac{R_dCs+1}{L_1L_2Cs^3+(L_1+L_2)R_dCs^2+(L_1+L_2)s} \tag{5-4}$$

$$G_L(s)=\frac{1}{Ls} \tag{5-5}$$

从式（5-4）和式（5-5）中可看出，LCL 滤波器是三阶的，而 L 滤波器是一阶的。在高频段，LCL 滤波器衰减效果要比 L 滤波器好。不同结构及参数滤波器伯德图，如图 5-9 所示。图 5-9 中，LCL 滤波器电感值 L_1+L_2 和 L 滤波器电感值 L 相等。从图 5-9 中可看出，当两种滤波器总电感值相等时，在低频段，两种滤波器增益几乎相同；在高频段，LCL 滤波器在以－60dB 斜率衰减，而 L 滤波器以－20dB 斜率衰减，因此，LCL 滤波器滤波效果更好。

不同结构滤波器输出电流谐波对比，如图 5-10 所示。仿真中设置 LCL 滤波器参数为 $L_1=3\text{mH}$，$L_2=1\text{mH}$，$C=20\mu\text{F}$，对应 L 滤波器 $L=4\text{mH}$。从图 5-10 可看出，LCL 滤波器输出的高次电流谐波幅值明显小于 L 滤波器输出的高次电流谐波幅值，从而证明 LCL 滤波器性能优于 L 滤波器。

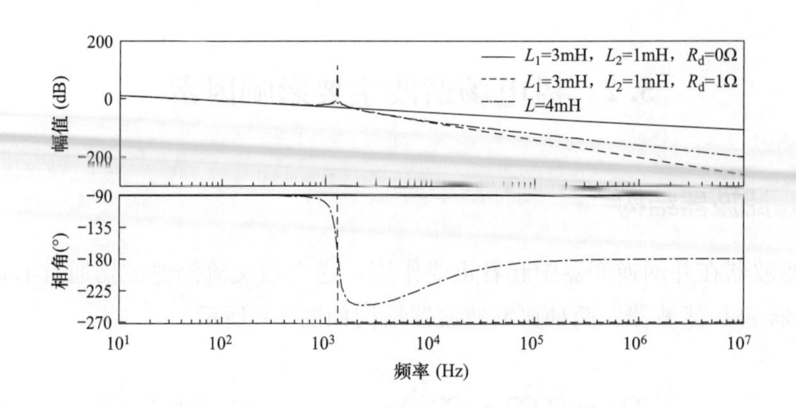

图 5-9　不同结构及参数滤波器伯德图

LCL 滤波器滤波性能虽然优于 L 滤波器，但 LCL 滤波器会引入额外的谐振点。图 5-9 中也确实存在这样的谐振尖峰，该谐振频率与 LCL 滤波器的电感电容参数有关，谐振峰值与电容支路电阻 R_d 有关。从图 5-9 中可看出随着电阻 R_d 阻值的增大，谐振峰值减小。因此要适量提高电阻 R_d 阻值，但是过高阻值会影响高频段电容支路阻抗，降低高频段滤波效果；另外，电阻 R_d 也会因为发热造成功率损失。

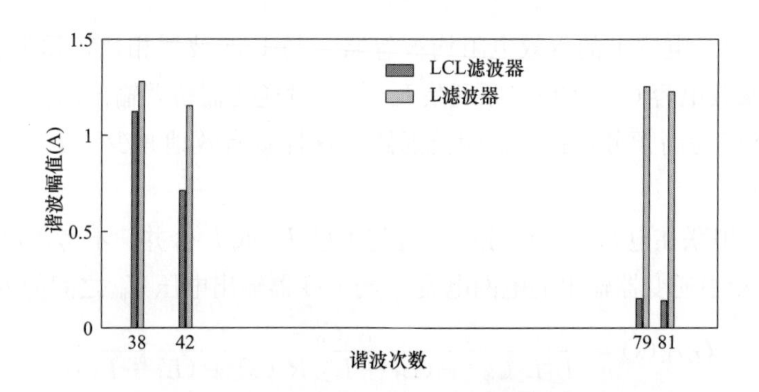

图 5-10　不同结构滤波器输出电流谐波对比

下面就 LCL 滤波器进一步讨论其电容电感参数对滤波性能的影响。忽略滤波电容上串联的电阻 R_d，由式（5-6）可得到滤波器输出电流与输入电压之间的传递函数为

$$G_{\mathrm{LCL}}(s)=\frac{1}{L_1L_2Cs^3+(L_1+L_2)s} \tag{5-6}$$

从式（5-6）可看出，传递函数 $G_{\mathrm{LCL}}(s)$ 存在一个谐振点，谐振频率 ω_{res1} 为

$$\omega_{\mathrm{res1}}=\sqrt{\frac{L_1+L_2}{L_1L_2C}} \tag{5-7}$$

从式（5-7）可看出，谐振频率与滤波器电容电感参数有关，电容电感参数变化时滤波器传递函数变化情况如图 5-11 所示。从图 5-11 中可看出，滤波器电容电感变大时，谐振频率减小；反之亦然。

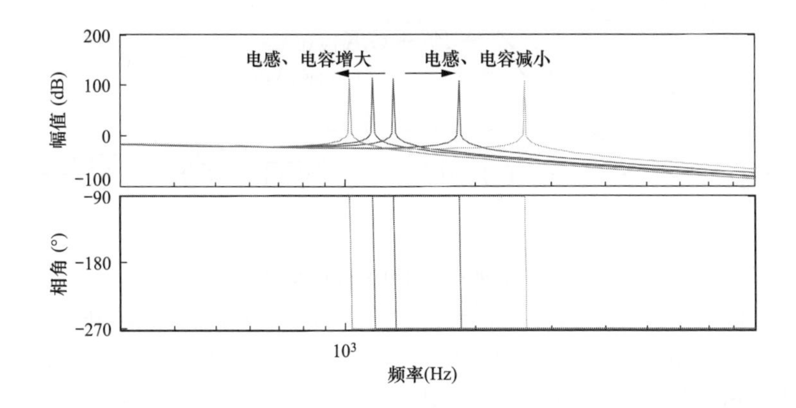

图 5-11　电容电感参数变化时滤波器传递函数变化情况

滤波器电感 L_2 与电网等效电感 L_g 串联在一起，将它们串联等效成 L_{2g}。弱电网情况下电网阻抗较大，假设 $L_1 \ll L_{2g}$，其谐振频率 ω_{res2} 为

$$\omega_{res2}\Big|_{L_{2g}\to\infty}=\sqrt{\frac{L_1+L_{2g}}{L_1L_{2g}C}}=\sqrt{\frac{\frac{L_1}{L_{2g}}+1}{L_1C}}\approx\sqrt{\frac{1}{L_1C}} \tag{5-8}$$

当电网阻抗在较宽范围内变化时，滤波器谐振频率 ω_{res} 满足 $\omega_{res1}\leqslant\omega_{res}<\omega_{res2}$。因此，要根据实际工况设计合理的滤波器参数，以避免可能造成的逆变器输出谐波放大的问题。

5.2.2　控制策略

逆变器控制策略包括功率（PQ）控制、下垂控制、虚拟同步控制等，不同控制策略有不同控制目标。PQ 控制主要目标是将逆变器直流侧功率输送到交流侧；下垂控制通过下垂系数调节逆变器输出电压幅值和频率，可给微电网提供一定的电压支撑，参与微电网频率调节；虚拟同步控制则是虚拟同步发电机特性，在控制系统中加入一定阻尼，增大系统惯性，提高系统抗干扰稳定性能。对于光伏发电等新能源发电系统，主要目标是将新能源发出的电能传输给电网和用户，所以使用 PQ 控制较多。

在逆变器控制系统中，功率和电压外环时间常数远远大于电流内环时间常数，因此，在谐波分析中可忽略响应速度较慢的功率及电压外环，仅考虑电流内环。从这个角度来看，影响逆变器谐波输出性能的主要是控制系统中电流内环控制结构。并网逆变器电流内环控制框图如图 5-12 所示。

因此，仅考虑逆变器输出谐波 u_{har} 和电网背景谐波电压 u_{PCC}，根据图 5-12 可得到逆变器输出电流 i_2 为

$$\begin{aligned}i_2&=Y_{har}\cdot u_{har}+Y_{out}\cdot u_{PCC}\\&=\frac{Z_C}{Z_1Z_2+Z_1Z_C+Z_2Z_C+G_iK_{PWM}(Z_2+Z_C)}u_{har}\end{aligned}$$

$$-\frac{Z_1+Z_C+G_iK_{PWM}}{Z_1Z_2+Z_1Z_C+Z_2Z_C+G_iK_{PWM}(Z_2+Z_C)}u_{PCC} \tag{5-9}$$

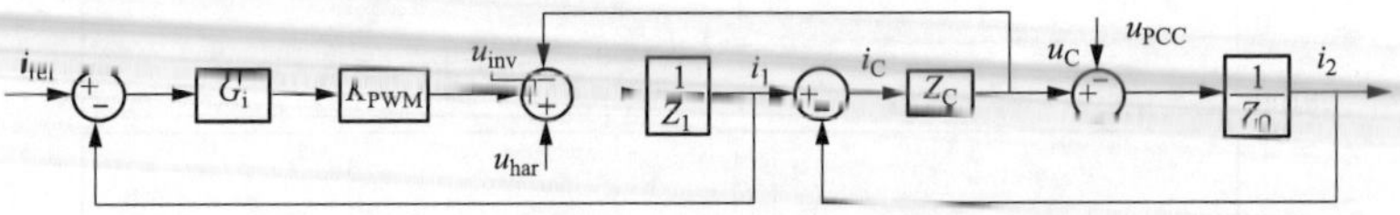

图 5-12　并网逆变器电流内环控制框图

K_{PWM}—脉宽调制（PWM）逆变桥线性增益；i_{ref}—控制电流给定值；G_i—并网电流调节器的传递函数，采用比例谐振（PR）控制［对于控制在 dq 坐标系下的三相系统，dq 轴中采用的电流比例积分（PI）控制转换到 abc 坐标系下即为比例谐振控制］；u_{har}—死区、SPWM 调制等引起的逆变器自身产生的开关谐波；u_{PCC}—并网点谐波逆变器稳态运行时电压外环保持稳定，电流内环参考值 i_{ref} 保持恒定

逆变器输出电流 i_2 与逆变器自身谐波 u_{har} 和电网侧谐波 u_{PCC} 之间的传递函数 Y_{har}、Y_{out} 伯德图如图 5-13 所示。图 5-13 中，对应电流控制器参数及滤波器参数分别为 $K_p=10$、$K_i=200$、$L_1=3\text{mH}$、$L_2=1\text{mH}$ 及 $C=20\mu\text{F}$。从图 5-13 中可看出，Y_{har}、Y_{out} 幅值小于 0dB，说明逆变器控制环对逆变器自身谐波 u_{har} 和电网侧谐波 u_{PCC} 有抑制作用。还可观察到，u_{har}、Y_{out} 幅值存在谐振尖峰，谐振尖峰的存在表明逆变器控制环节对谐振频率附近的谐波抑制效果较弱。在谐振频率以后，随着频率的增大，u_{har}、Y_{out} 幅值下降明显，说明逆变器控制环节在 LCL 滤波器作用下对高频谐波抑制效果非常好。

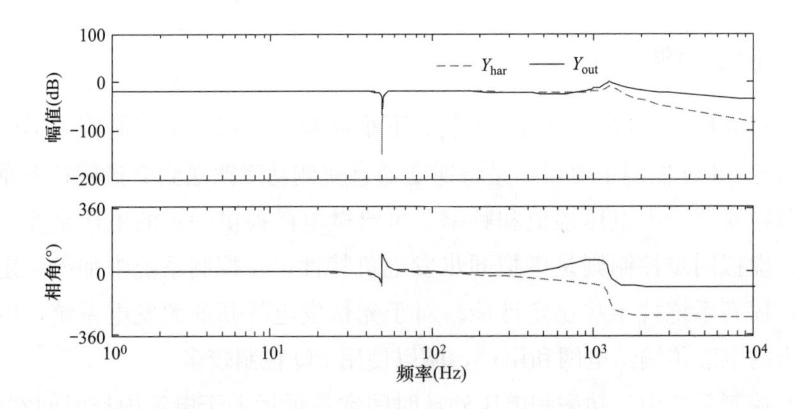

图 5-13　逆变器输出电流 i_2 与逆变器自身谐波 u_{har} 和电网侧谐波 u_{PCC} 之间的传递函数 Y_{har}、Y_{out} 伯德图

观察式（5-9）中传递函数 Y_{har}、Y_{out} 分母，将其展开得

$$\text{den}=s^2L_1L_2+\frac{L_1+L_2}{C}+K_{PWM}\left(k_p+\frac{k_is}{s^2+\omega_1^2}\right)\left(sL_2+\frac{1}{Cs}\right) \tag{5-10}$$

式中　k_p、k_i——电流比例谐振控制器参数。

式（5-10）中前两项代表 LCL 滤波器电感电容引起的谐振，对应的谐振频率为 $\sqrt{(L_1+L_2)/L_1L_2C}$。图 5-13 中谐振尖峰处对应频率约为 1300Hz，与 LCL 滤波器电容电

感谐振频率相一致，因此出现的幅值尖峰是由滤波器谐振引起的。观察式中余下的项，不难发现逆变桥增益 K_{PWM}、电流比例谐振控制器参数 k_p 与电感 L_2 组成一次项，即 $sK_{PWM}k_pL_2$，该一次项可以为谐振提供阻尼。这就为逆变器谐波谐振抑制提供一条思路，即可通过调节参数 K_{PWM}、k_p 及 L_2 改变系统阻尼。参数 K_{PWM} 通常为 1，而参数 L_2 与滤波器参数设计有关，所以在实际调试测试中唯一方便调节的参数为 k_p。另外，观察式（5-10）中含参数 k_i 的项可发现，当频率较大（3 倍基波以上频率）时，该项可用 k_i/s 表示，此时在一定范围（如 100～1000）内调节参数 k_i 对整个传递函数影响较小。

Y_{har} 幅值随参数 k_p 变化曲面如图 5-14 所示，Y_{out} 幅值随参数 k_p 的变化曲面如图 5-15 所示。图 5-14 和图 5-15 中，其他参数为 $k_i=200$、$L_1=3\text{mH}$、$L_2=1\text{mH}$ 及 $C=20\mu\text{F}$。从图 5-14 和图 5-15 中可看出，在较小参数 k_p 范围内，传递函数 Y_{har}、Y_{out} 幅值存在谐振尖峰，但随着参数 k_p 的增大，谐振尖峰逐渐减小，与前面的理论分析一致。需要特别指出的是，从图中可看出改变参数 k_p 只对谐振频率附近的 Y_{har}、Y_{out} 幅值影响较大。因此，对于逆变器而言，首先要根据实际工况合理设计 LCL 滤波器参数值，避免滤波器谐振尖峰出现在可能出现的谐波（如开关谐波）频率附近，其次才是调节控制器参数。根据前面的分析，在满足逆变器输出稳定性及动态响应要求下，k_p 取值应尽可能大。

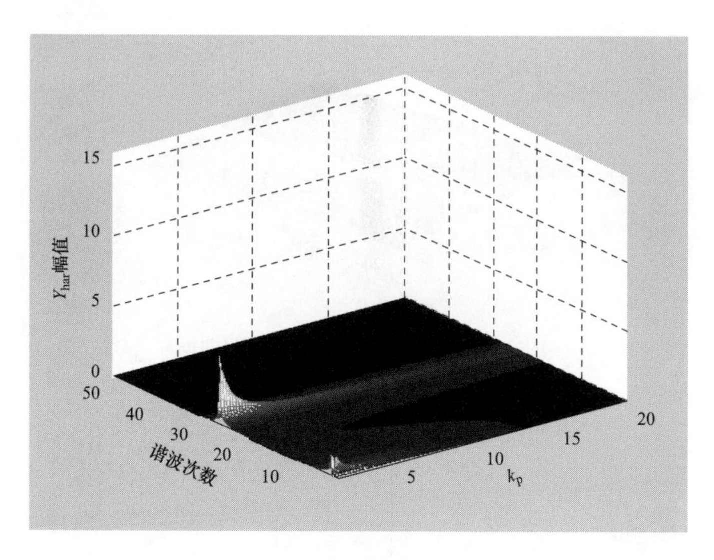

图 5-14 Y_{har} 幅值随参数 k_p 变化曲面

Y_{har} 幅值随参数 k_i 变化曲面如图 5-16 所示，Y_{out} 幅值随参数 k_i 变化曲面如图 5-17 所示。图 5-16 和图 5-17 中，其他参数为 $k_p=5$、$L_1=3\text{mH}$、$L_2=1\text{mH}$ 及 $C=20\mu\text{F}$。从图 5-16 和图 5-17 中可看出，在较宽范围内改变参数 k_i 对 Y_{har}、Y_{out} 幅值影响不大，与前面的理论分析一致。因此，在实际调试测试中，参数 k_i 取值满足动态响应及稳定性要求即可。

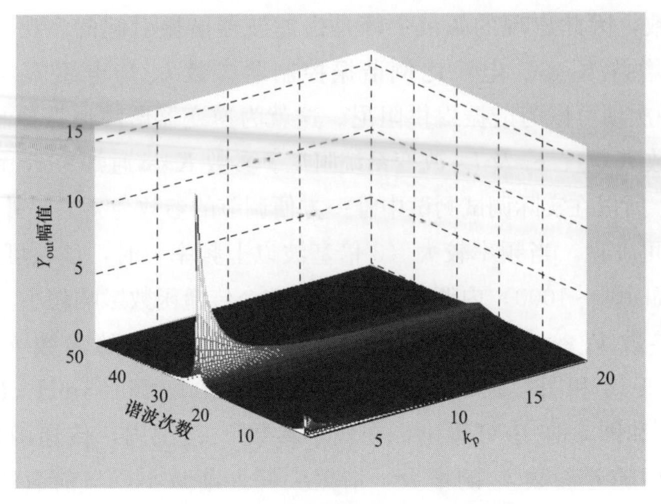

图 5-15 Y_{out} 幅值随参数 k_p 变化曲面

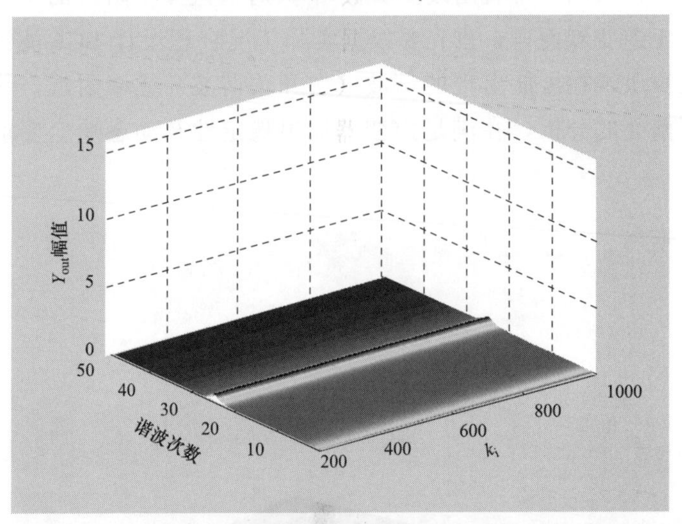

图 5-16 Y_{har} 幅值随参数 k_i 变化曲面

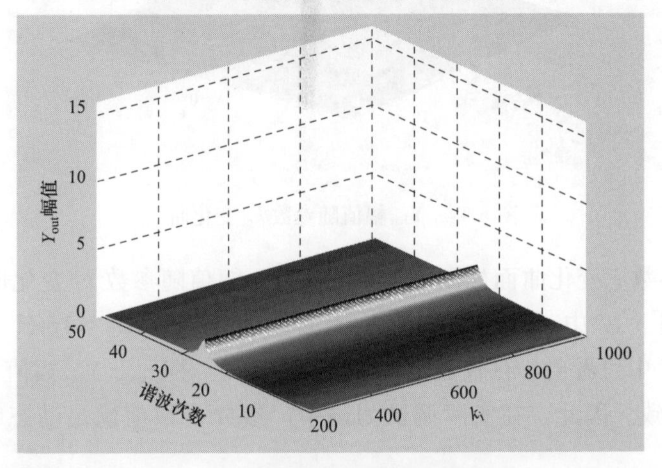

图 5-17 Y_{out} 幅值随参数 k_i 变化曲面

为进一步验证以上分析，在电力系统电磁暂态仿真软件（PSACD）搭建仿真模型。仿真中光伏逆变器直流侧电压为800V，采用SPWM调制，逆变器运行于单位因数状态，其输出有功功率52.6kW。滤波器参数为$L_1=3mH$、$L_2=1mH$及$C=20\mu F$。参数k_p变化对逆变器输出谐波仿真结果和理论结果对比如图5-18所示。参数k_i变化对逆变器输出谐波仿真结果和理论结果对比如图5-19所示。其中，理论计算结果依据PWM谐波计算公式及式（5-9）计算得到。

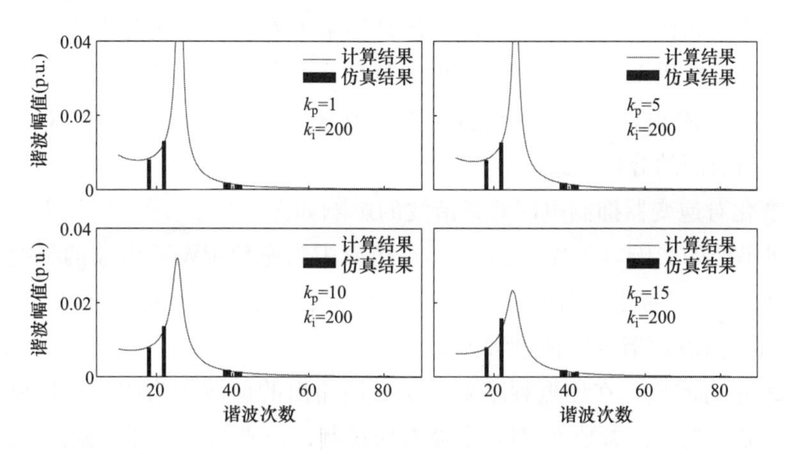

图5-18　参数k_p变化对逆变器输出谐波仿真结果和理论结果对比

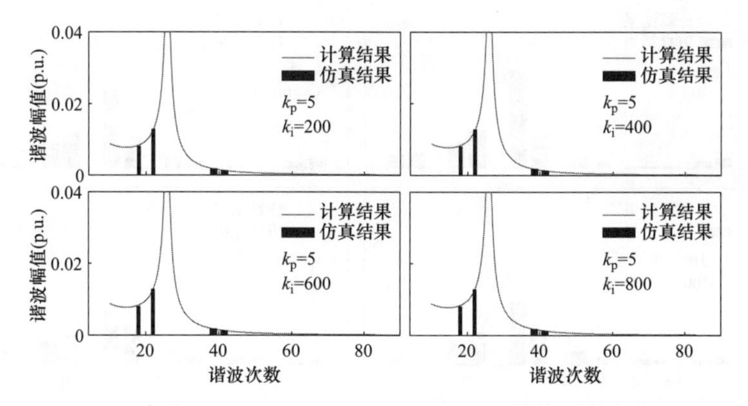

图5-19　参数k_i变化对逆变器输出谐波仿真结果和理论结果对比

考虑到PWM调制谐波分布的特点，仿真设置载波频率分别为1000、2000Hz，其产生的开关谐波分别为18、22、39、41次和38、42、79、81次。在较低开关频率下忽略器件死区产生的谐波，同时直流侧电压稳定情况下不必考虑因直流侧电压波动产生的间谐波。考虑到PWM调制谐波在不同频率处（载波频率一倍频附近和二倍频附近）谐波幅值的差异，将仿真及计算得到的结果进行了归一化处理得到标幺值。

从图5-18中可看出，逆变器输出谐波电流理论计算值和仿真结果在高频处吻合较好，但当k_p较大时，在谐振频率附近（如22次）出现一定误差。出现误差的原因有两点：一是在谐振频率附近，式（5-9）中的理想模型和实际仿真模型（或实际设备）存在误差，例如，在谐振频率处模型理论值可能达到无穷，但仿真（或实际设备）中由于限幅器及相关控制器参数的限制而不可能出现无穷大的情况；二是式（5-9）模型较为理想，当开关载波频率过低时（如 1000Hz），出现的谐波谐振频率高于载波频率，此时逆变器无法对高频率谐波进行调制，逆变器桥不能简单等效为一个线性增益 K_{PWM}，而是一个复杂非线性环节，所以理论计算值和仿真结果在谐振频率附近出现较大误差。另外需要指出的是，高频谐波（如算例中 40 次左右及以上）主要是滤波器在起作用，受控制器参数影响很小，所以理论值和仿真值一致。因此从仿真结果可看出，在实际中应尽可能提高逆变器载波频率，并且选用 LCL 滤波器参数时要避免滤波器谐振频率出现在载波倍频附近。

从图 5-19 中可看出，理论值与仿真结果一致（k_p 较小），且 k_i 变化对逆变器输出谐波影响不大，与前面的分析一致。

参数 k_p 变化对逆变器抑制电网背景谐波的影响如图 5-20 所示。参数 k_i 变化对逆变器抑制电网背景谐波的影响，如图 5-21 所示。仿真中为避免 PWM 谐波的干扰，设置开关载波频率 5000Hz，仅考虑施加在并网的 5、7、11、13、17、19、23、25、29、31、35、37 次的电压背景谐波，谐波幅值设置为 5V。

从图 5-20 中可看出，在谐振频率附近逆变器输出的谐波较为明显，且离谐振点越近谐波放大越明显；当增大参数 k_p 时，谐波有所抑制，仿真结果与理论分析一致。

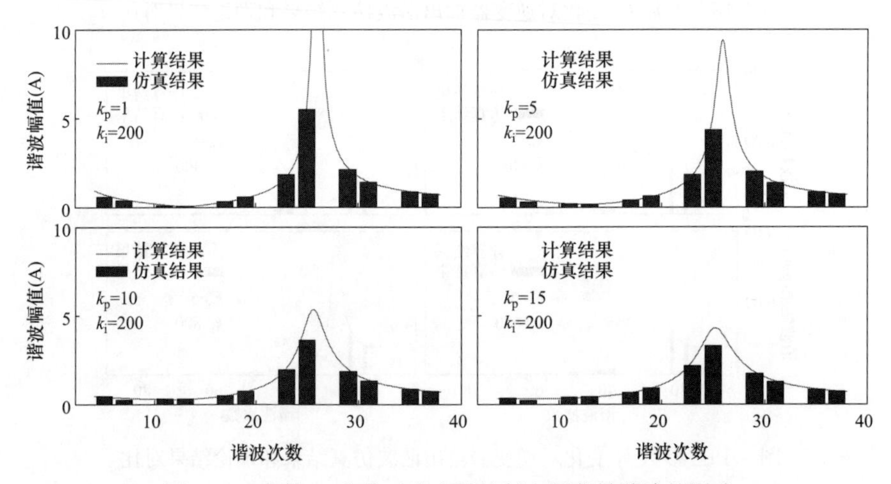

图 5-20　参数 k_p 变化对逆变器抑制电网背景谐波的影响

从图 5-21 中可看出，k_i 变化对逆变器输出谐波影响不大，与理论分析一致。

以上通过建立逆变器传递函数模型，分别从逆变器本身谐波（主要为 PWM 调制谐波）和电网背景谐波两个角度，研究了逆变器控制对逆变器谐波输出的影响。结合理论分析和仿真验证可知，LCL 滤波器会造成谐振，而通过改变控制器参数可在一定程度上抑制滤波器谐振频率附近的谐波，即在满足逆变器输出稳定性及动态响应要求下选取较大 k_p 参数可抑制谐振频率附近的谐波，而改变 k_i 参数影响不大，仿真和理论分析基本一致。另外从仿真结果来看，选用滤波器参数时应避免滤波器谐振频率处于开关载波频率附近。

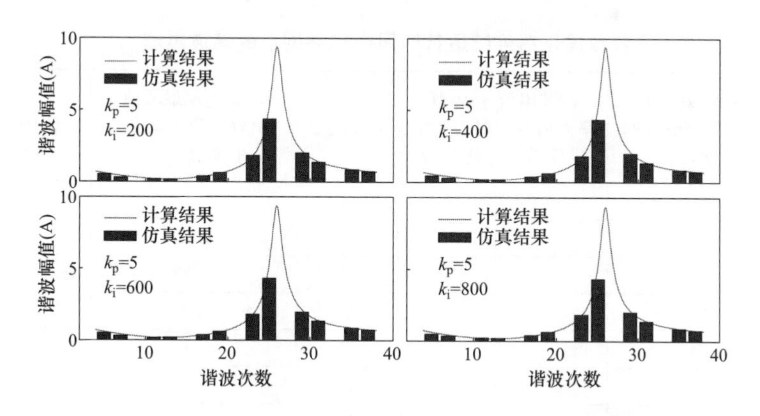

图 5-21 参数 k_i 变化对逆变器抑制电网背景谐波的影响

5.3 风电并网谐波超标治理工程案例

通过建立逆变器传递函数模型，分别从逆变器本身谐波（主要为PWM调制谐波）和电网背景谐波两个角度，研究了逆变器控制对逆变器谐波输出的影响。结合理论分析和仿真验证可知，LCL滤波器会造成谐振，而通过改变控制器参数可在一定程度上抑制滤波器谐振频率附近的谐波，即在满足逆变器输出稳定性及动态响应要求下选取较大 k_p 参数可抑制谐振频率附近的谐波，改变 k_i 参数影响虽有，但效果不如 k_p 明显，但仍然可通过改变 k_i 参数进一步影响谐波输出水平。另外，从仿真结果来看，选用滤波器参数时应避免滤波器谐振频率处于开关载波频率附近。

苏宝顶风电场并网点输出电流谐波在逆变器参数与滤波器参数优化前后的现场检测结果对比见表 5-1。

表 5-1　苏宝顶风电场并网点输出电流谐波在逆变器参数与滤波器参数优化前后的现场检测结果对比

谐波次数	谐波电流 95%概率大值（A）		限定值（A）
	控制参数优化前	控制参数优化后	
2	4.91	1.34	4.56
3	15.56	1.36	2.49
4	7.06	2.04	2.33
5	4.30	2.59	2.68

从表 5-1 可知，在未进行逆变器参数和滤波器参数优化前，苏宝顶风电场并网电流的 2、3、4 次和 5 次谐波都超过限定值，经过参数优化后，2、3、4 次和 5 次谐波分别为 1.34、1.36、2.04 和 2.59。

表 5-2 给出参数优化后连续运行时风电场并网点的谐波电流，表 5-3 给出连续运行时风电场并网点的电流总谐波畸变率和连续运行时风电场并网点的间谐波电压。

表 5-2　　参数优化后连续运行时风电场并网点的谐波电流

谐波次数	谐波电流最大值（相对于额定电流的百分比,%）	谐波电流 95%概率大值（相对于额定电流的百分比,%）	谐波次数	谐波电流最大值（相对于额定电流的百分比,%）	谐波电流 95%概率大值（相对于额定电流的百分比,%）
2	0.56	0.39	3	1.16	0.81
4	0.95	0.67	5	1.20	0.91
6	0.03	0.04	7	0.33	0.23
8	0.05	0.04	9	0.04	0.02
10	0.04	0.02	11	0.14	0.11
12	0.02	0.01	13	0.14	0.09
14	0.02	0.02	15	0.03	0.02
16	0.06	0.04	17	0.09	0.06
18	0.01	0.01	19	0.04	0.03
20	0.03	0.02	21	0.01	0.01
22	0.02	0.01	23	0.02	0.01
24	0.01	0.00	25	0.05	0.02
26	0.02	0.02	27	0.01	0.01
28	0.02	0.02	29	0.01	0.00
30	0.00	0.00	31	0.00	0.00
32	0.01	0.01	33	0.00	0.00
34	0.01	0.01	35	0.01	0.00
36	0.00	0.00	37	0.01	0.00
38	0.02	0.01	39	0.01	0.01
40	0.02	0.01	41	0.01	0.00
42	0.00	0.00	43	0.00	0.00
44	0.00	0.00	45	0.00	0.00
46	0.00	0.00	47	0.00	0.00
48	0.00	0.00	49	0.00	0.00
50	0.00	0.00	—	—	—

表 5-3　　风电场连续运行时的电流总谐波畸变率

项目	数值
最大电流总谐波畸变率（相对于额定电流的百分比,%）	1.53
电流总谐波畸变率 95%概率大值（相对于额定电流的百分比,%）	0.98

从表 5-3 的现场检测结果来看，参数优化后，并网点的谐波电流和电流总谐波畸变率都在 GB/T 14549—1993《电能质量　公用电网谐波》要求范围内。

6　内陆分散式风电场无功/电压调节能力提升技术与工程应用

风电场 AVC 系统主要用于控制风电场并网点的电压，它对于保持电网电压的运行稳定性和可靠性具有重要的意义。目前内陆分散式风电场 AVC 控制策略存在一些缺陷，以湖南山地风电场为例。一是 AVC 系统只联动了 SVG，未将风机纳入其中，这大大限制了风电场的可调度无功容量。部分风电场 SVG 的装机容量为±5Mvar，其额定感性/容性无功功率对风电场并网点线电压的调节能力不到 300V，这意味着此类风电场的 SVG 对电网不具备调压能力。二是 AVC 系统先联动 SVG，后联动风机，这种控制模式对风机的无功资源并未充分挖掘，同时山地式风电场 SVG 装置受湿气影响较容易出现故障，从而影响到风电场可调度无功资源的稳定性和可靠性，一旦发生故障停机，将给电网电压带来一个较大幅度的暂态变化过程，这个暂态电压变化过程可能会导致周边的小水电机组出现保护切机的现象，同时也可能会影响到工业生产的正常运行。

6.1　典型风力发电系统控制特性

针对上述问题，本章结合内陆山地风电场的实际情况，提出一套适用于内陆山地式风电系统的 AVC 联动方式及控制策略，所提出的控制策略先联动风机（且风机的功率因数不受限），再联动 SVG 的 AVC 联动方式，该控制策略实现了山地风电机组与无功补偿装置的快速联动控制，攻克了山地风电场无功控制能力不足和响应速度慢的难题，使得山地风电场的可控无功范围提高了 3 倍，风电场对并网点电压控制的动态响应速度和稳态响应精度提高了 1 倍。

6.1.1　风电场基本结构

风电场一次系统接线如图 6-1 所示。采用直驱型风机经箱式变电站接入 35kV 母线，再经主站升压变压器将电能馈入电网；35kV 母线同时还接有静止同步补偿器（SVG）、电容器组（FC）、站用变压器等设备。本项目提出的自动电压控制系统（AVC）联动方式主要涉及风机和 SVG 两种动态无功补偿设备，FC 作为静态无功补偿设备需根据电网的实际运行状况进行手动投切，因此，本章将主要围绕直驱型风机和 SVG 展开分析和研究。直驱型风电机组和 SVG 的基本工作原理如下所述。

6.1.2 直驱型风力发电系统基本原理

由于电力电子变换器拓扑结构的多样性，直驱型风力发电机组的能量变换系统可采用不同的拓扑结构，直驱型风力发电系统的拓扑结构如图 6-2 所示。目前，比较常用的主要包括 Boost 斩波型直驱永磁风力发电系统［见图 6-2（a）］和背靠背双 PWM 型直驱永磁风力发电系统［见图 6-2（b）］。

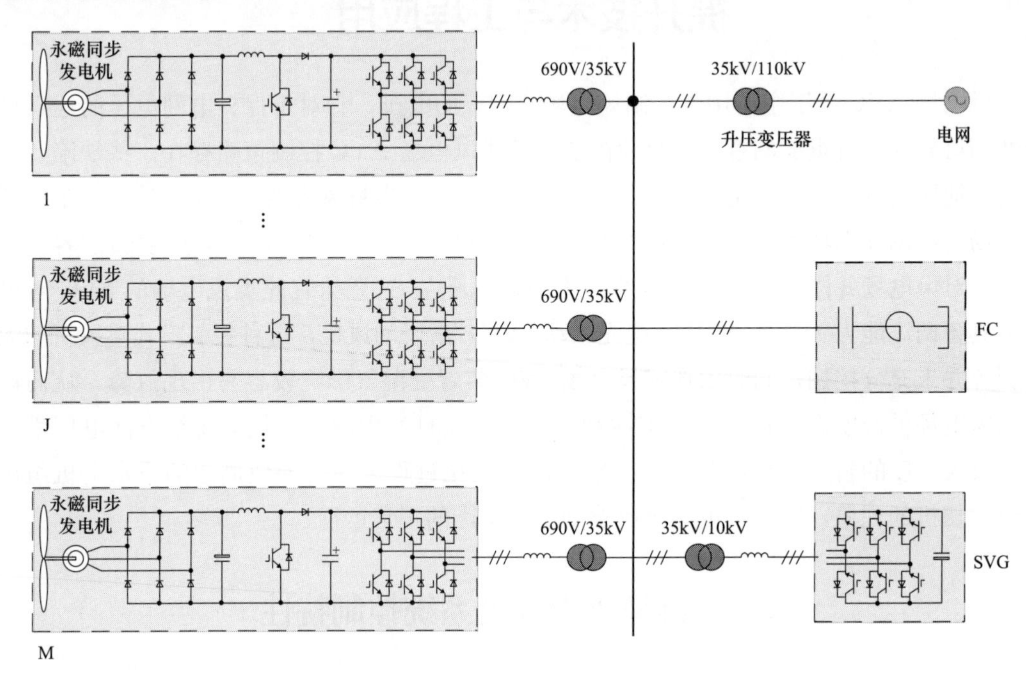

图 6-1 风电场一次系统接线

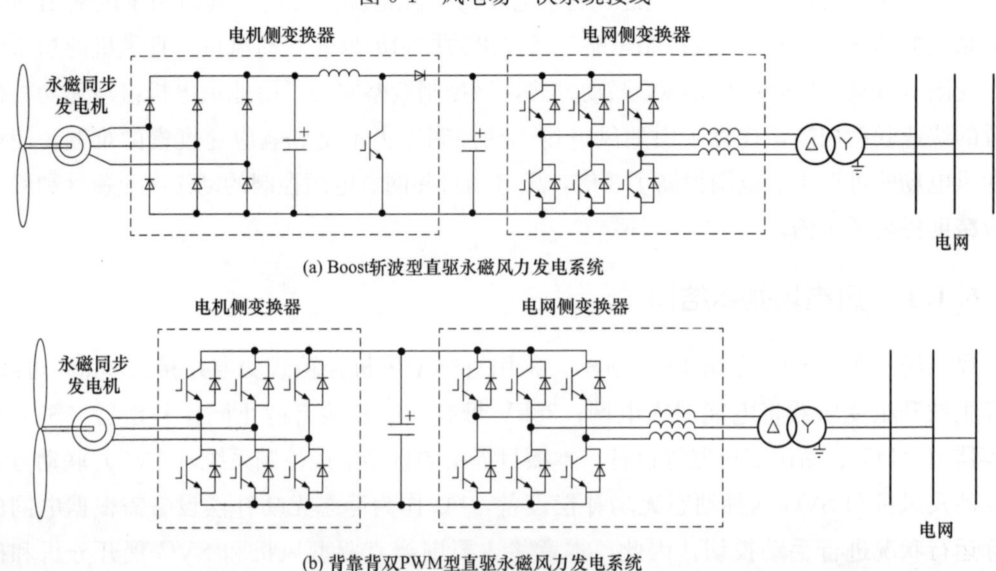

图 6-2 直驱型风力发电系统的拓扑结构

Boost斩波型直驱永磁风力发电系统由风力机、永磁同步发电机、三相桥式不控整流电路、Boost斩波电路、三相电压源型变换器构成。三相桥式不控整流电路和Boost斩波电路联合称为电机侧变换器；三相电压源型变换器称为电网侧变换器。风力机与永磁同步发电机直接连接，无需升速齿轮箱。首先，三相桥式不控整流桥将发电机发出的幅值、频率均变化的三相交流电转换为直流；其次，Boost斩波器通过调节其输入电流控制发电机的负载转矩，从而实现对发电机转速的调节；最后，三相电压源型变换器将电机侧的输入功率转换为恒幅恒频的三相交流电并入电网。通过对电机侧变换器和电网侧变换器的有效控制，可实现风能的最大功率跟踪，以及系统有功功率和无功功率的独立控制。相比而言，背靠背双PWM型直驱永磁风力发电系统的主要区别在于三相电压型变换器取代了三相桥式不控整流电路和Boost斩波电路，作为电机侧变换器，控制发电机的负载转矩，实现对发电机转速的调节。需要说明的是，图6-2只给出了两种拓扑的最简形式，在实际应用中，为提高风力发电机组的容量，能量变换系统常采用多重并联结构。

由以上分析可知，Boost斩波型直驱永磁风力发电系统的拓扑结构通过控制斩波器输入电流调节电机转矩，实现起来相对简单可靠，但由于采用三相不控整流，控制上无法实现电机转矩和磁链的解耦，同时电机定子电流中的谐波含量也会偏大；而背靠背双PWM型直驱永磁风力发电系统的拓扑结构能实现对发电机的最大转矩、最小损耗、最大效率控制，该系统控制方法灵活，可有针对性地提高系统的运行特性。但是，该结构控制比较复杂，大功率开关器件数量较多，系统成本相对偏高。由于两种拓扑在控制性能、系统可靠性等方面各有所长，目前两者在直驱型风力发电机组中均有广泛应用。

6.1.3 静止同步补偿器（SVG）系统基本原理

SVG典型结构示意如图6-3所示。静止同步补偿器（SVG）是利用绝缘栅双极型晶体管（IGBT）等全控型电力电子开关器件组成电压源型逆变器，将逆变器经过电抗器或变压器并联接入电网，通过调节逆变器交流侧输出电压的幅值和相位，迅速吸收或发出所需要的无功功率，实现快速动态调节无功的目的。

SVG系统运行的相量图如图6-4所示。设SVG产生的相电压为$\dot{U}$，电网相电压为$\dot{U}_1$，连接电抗为X，则SVG输出的电流为

$$\dot{I}=\frac{\dot{U}-\dot{U}_1}{\mathrm{j}X} \tag{6-1}$$

因此，SVG输出的单相复功率为

$$\widetilde{S}=\dot{U}_1\overset{\wedge}{\dot{I}}=\dot{U}_1\frac{\overset{\wedge}{\dot{U}}-\overset{\wedge}{\dot{U}}_1}{-\mathrm{j}X} \tag{6-2}$$

事实上，SVG只吸收很小的有功功率，用于补偿直流电容和装置的有功损耗，因此，其产生的电压$\dot{U}$与电网电压$\dot{U}_1$的相位基本相同，从而它输出的单相无功功率为

$$Q=I_{\mathrm{m}}(\widetilde{S})=I_{\mathrm{m}}\left(\dot{U}_1\frac{\overset{\wedge}{\dot{U}}-\overset{\wedge}{\dot{U}}_1}{-\mathrm{j}X}\right)=\frac{U-U_1}{X}U_1 \tag{6-3}$$

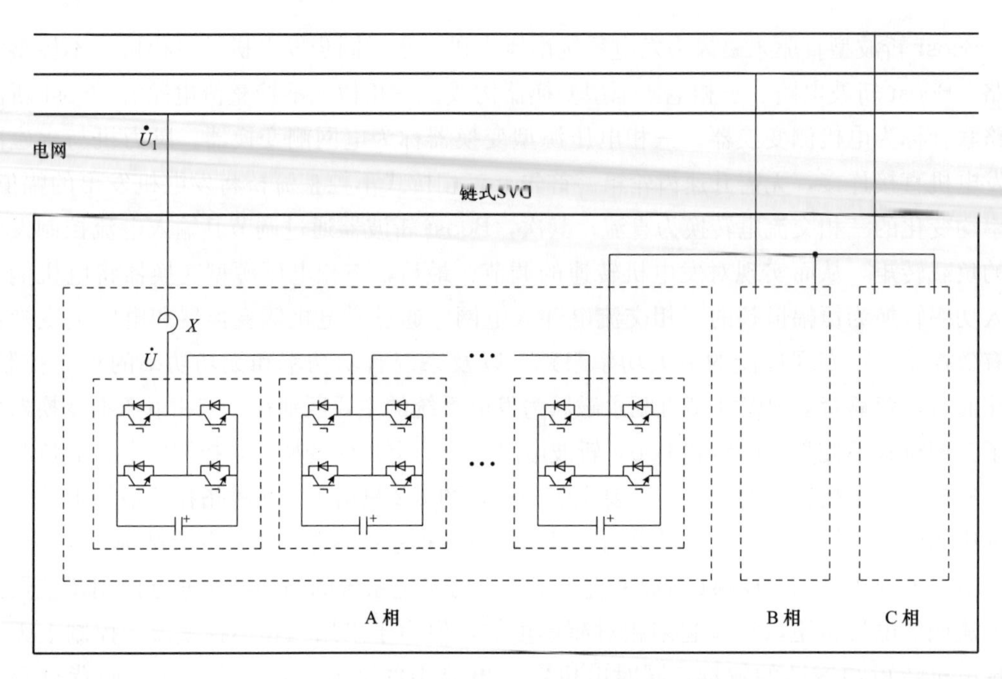

图 6-3　SVG 典型结构示意

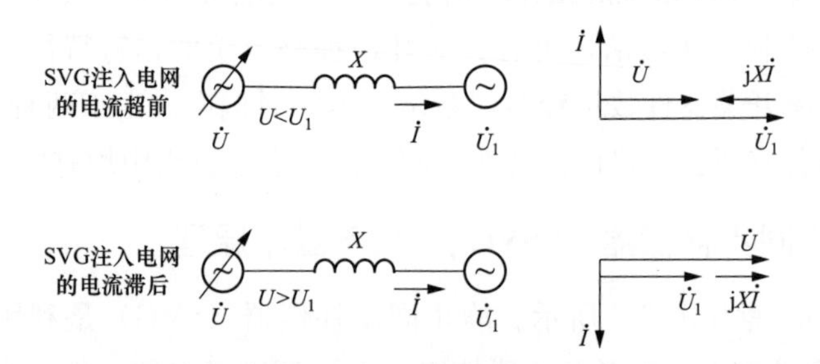

图 6-4　SVG 系统运行的相量图

当控制 SVG 产生的电压小于电网电压，即 $U<U_1$ 时，SVG 将从系统吸收无功功率，此时它相当于电感；当控制 SVG 产生的电压大于电网电压，即 $U>U_1$ 时，SVG 将向系统发出无功功率，此时它相当于电容。由于 SVG 产生电压 U 的大小可以连续快速地被控制，从而能连续快速的调节其发出或吸收的无功功率。

6.2　风电场无功/电压控制策略

6.2.1　AVC 系统的控制策略

AVC 系统的控制策略如图 6-5 所示。地市调控中心下发一个电压指令给 AVC 系统，AVC 系统控制器一方面根据风电场并网点电压值和短路容量（或短路阻抗）可计算得到

风电场总共需要输出/吸收的无功指令 Q^*；另一方面，根据风机数据采集和监测（SCADA）系统反馈的风机最大可调度无功容量，将 Q^* 优先分配给风机 SCADA 系统；若风机的无功容量不足，AVC 系统控制器则将剩余需要补偿的无功指令发给 SVG 控制器，由 SVG 进行补偿。风机 SCADA 系统控制器主要用于群控所有风机的有功功率和无功功率，它接收到 AVC 下发的无功指令后，将无功指令均分给已启动运行的风机电网侧 DC/AC 变流器控制系统。各风机的电网侧 DC/AC 变换器控制系统再根据 SCADA 系统控制器下发的无功指令，控制变换器开关器件（IGBT）的触发脉冲，调制输出需要发出/吸收的无功指令，从而使风电场的实际无功功率响应 AVC 下发的无功指令，最终实现风电场并网点电压跟踪调度电压指令的目的。

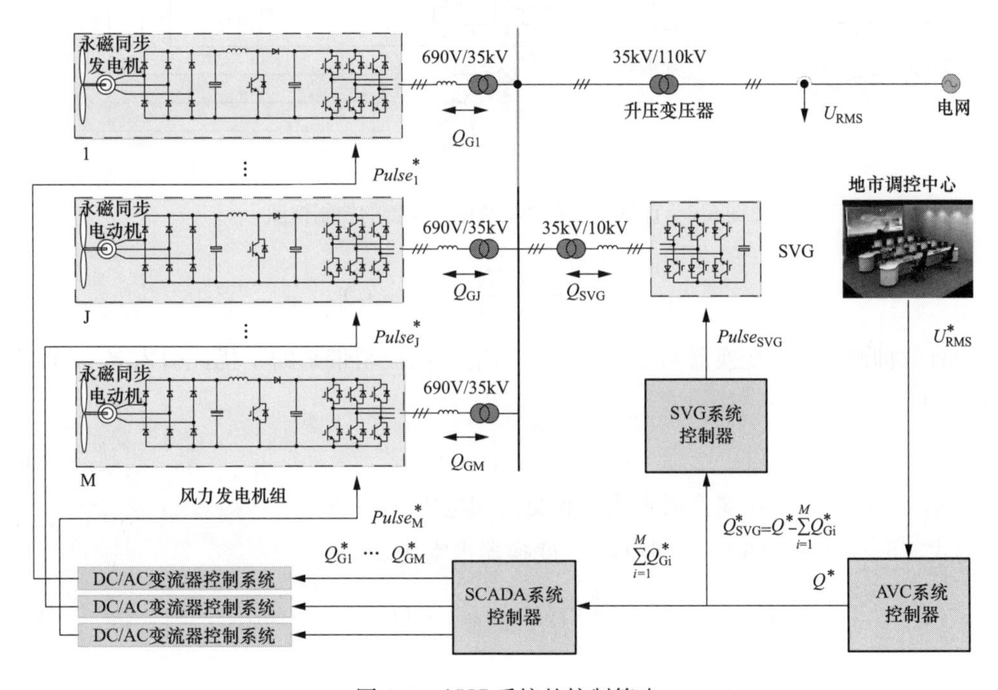

图 6-5　AVC 系统的控制策略

6.2.2　直驱风机电机侧变换器的控制策略

直驱风力发电系统中变换器的控制框图如图 6-6 所示。图 6-6 中，通过调节 Boost 变换器的功率参考值 P_G^* 以实现风能的最大功率跟踪，P_G^* 与风力发电机输出功率 P_G 进行比较，通过功率调节器得到 Boost 变换器的调制电流参考值 i_0^*，即

$$i_0^* = -\left(K_P + \frac{K_i}{s}\right)(P_G^* - P_G) \tag{6-4}$$

i_0^* 与 Boost 变换器输入电流 i_0 进行比较，再通过电流调节器得到 Boost 变换器占空比 d_0 的反馈控制量 $\hat{d}_0$，以达到电流对其参考值的快速跟踪，即

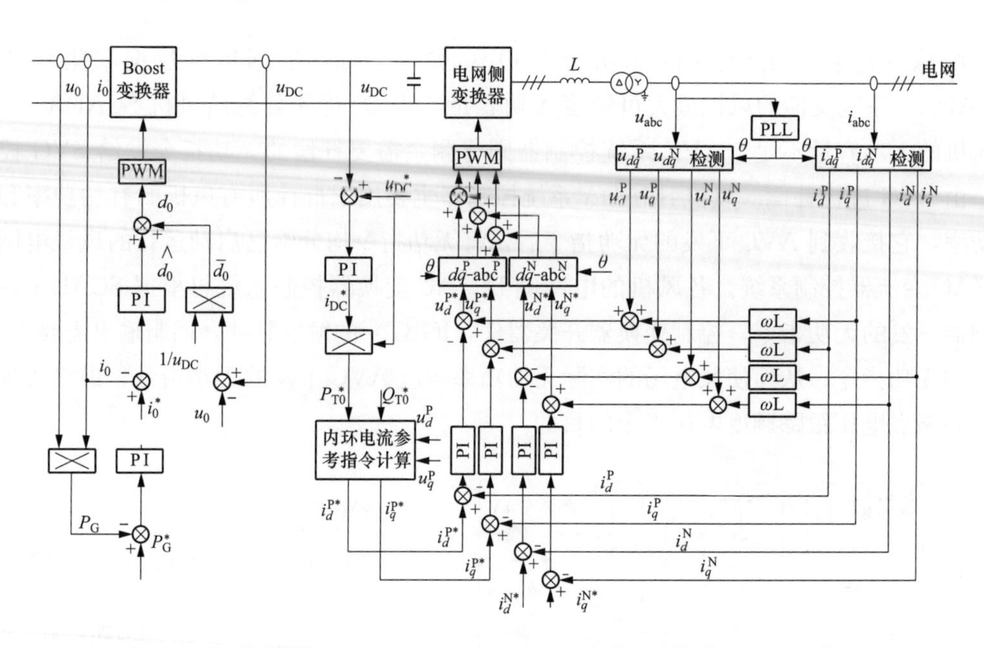

图 6-6　直驱风力发电系统中变换器的控制框图

$$\hat{d}_0 = -\left(K_P + \frac{K_i}{s}\right)(i_0^* - i_0) \tag{6-5}$$

为有效抑制 Boost 变换器两端的电压波动给电流控制带来的干扰，引入 d_0 的前馈控制量 $\overline{d}_0$ 为

$$\overline{d}_0 = (u_{DC} - u_0)/u_{DC} \tag{6-6}$$

式中　u_{DC}、u_0——boost 变换器直流端和交流端电压。

由式（6-5）和式（6-6）可得 Boost 变换器占空比 d_0 为

$$d_0 = -\left(K_P + \frac{K_i}{s}\right)(i_0^* - i_0) + (u_{DC} - u_0)/u_{DC} \tag{6-7}$$

6.2.3　直驱风机电网侧变换器的控制策略

当电网不平衡时，风电系统的并网功率可表示为

$$\begin{bmatrix} P_{T0} \\ P_{Ts2} \\ P_{Tc2} \\ Q_{T0} \\ Q_{Ts2} \\ Q_{Tc2} \end{bmatrix} = \begin{bmatrix} u_d^P & u_q^P & u_d^N & u_q^N \\ u_q^N & -u_d^N & -u_q^P & u_d^P \\ u_d^N & u_q^N & u_d^P & u_q^P \\ u_q^P & -u_d^P & u_q^N & -u_d^N \\ -u_d^N & -u_q^N & u_d^P & u_q^P \\ u_q^N & -u_d^N & u_q^P & -u_d^P \end{bmatrix} \begin{bmatrix} i_d^P \\ i_q^P \\ i_d^N \\ i_q^N \end{bmatrix} \tag{6-8}$$

式中　P_{T0}、Q_{T0}——并网平均有功功率及并网平均无功功率；

P_{Ts2}、P_{Tc2}——2 倍频有功分量；

Q_{Ts2}、Q_{Tc2}——2倍频无功分量；
u_d^{P}、u_q^{P}、u_d^{N}、u_q^{N}——并网正负序基波电压的d、q分量；
$i_{\mathrm{d}}^{\mathrm{P}}$、$i_q^{\mathrm{P}}$、$i_d^{\mathrm{N}}$、$i_q^{\mathrm{N}}$——并网正负序基波电流的$d$、$q$分量，且所有变量均采用标幺值。

考虑到负序电流对网侧变换器的不利影响，在控制系统设计中令$i_d^{\mathrm{N}*}=0$，$i_q^{\mathrm{N}*}=0$。由于并网风电系统通常运行在平均单位功率因数状态，可令并网平均无功功率参考值$Q_{\mathrm{T0}}^*=0$。网侧变换器直流电压参考值u_{DC}^*与其反馈值u_{DC}进行比较，通过电压调节器得到网侧变换器直流侧电流的参考值i_{DC}^*为

$$i_{\mathrm{DC}}^* = -\left(K_{\mathrm{P}}+\frac{K_{\mathrm{i}}}{s}\right)(u_{\mathrm{DC}}^*-u_{\mathrm{DC}}) \tag{6-9}$$

由此，可得到并网平均有功功率参考值为

$$P_{\mathrm{T0}}^* = -\left[\left(K_{\mathrm{P}}+\frac{K_{\mathrm{i}}}{s}\right)(u_{\mathrm{DC}}^*-u_{\mathrm{DC}})\right]u_{\mathrm{DC}}^* \tag{6-10}$$

将$i_d^{\mathrm{N}}=0$，$i_q^{\mathrm{N}}=0$代入式（6-8），且只考虑并网平均有功功率P_{T0}及并网平均无功功率Q_{T0}的控制时，则可得到系统正序电流的参考值为

$$\begin{cases} i_d^{\mathrm{P}*} = \dfrac{u_d^{\mathrm{P}}\times P_{\mathrm{T0}}^*+u_q^{\mathrm{P}}\times Q_{\mathrm{T0}}^*}{(u_d^{\mathrm{P}})^2+(u_q^{\mathrm{P}})^2} \\ i_q^{\mathrm{P}*} = \dfrac{u_d^{\mathrm{P}}\times P_{\mathrm{T0}}^*+u_q^{\mathrm{P}}\times Q_{\mathrm{T0}}^*}{(u_q^{\mathrm{P}})^2-(u_d^{\mathrm{P}})^2} \end{cases} \tag{6-11}$$

在求得$i_d^{\mathrm{P}*}$，$i_q^{\mathrm{P}*}$后，如果电流内环采用前馈解耦控制，则可得到网侧变换器的正序调制电压参考值为

$$\begin{cases} v_d^{\mathrm{P}*} = -\left(K_{\mathrm{P}}+\dfrac{K_{\mathrm{i}}}{s}\right)(i_d^{\mathrm{P}*}-i_d^{\mathrm{P}})+u_d^{\mathrm{P}}+\omega L i_q^{\mathrm{P}} \\ v_q^{\mathrm{P}*} = -\left(K_{\mathrm{P}}+\dfrac{K_{\mathrm{i}}}{s}\right)(i_q^{\mathrm{P}*}-i_q^{\mathrm{P}})+u_q^{\mathrm{P}}-\omega L i_d^{\mathrm{P}} \end{cases} \tag{6-12}$$

同理可得到网侧变换器的负序调制电压参考值为

$$\begin{cases} v_d^{\mathrm{N}*} = -\left(K_{\mathrm{P}}+\dfrac{K_{\mathrm{i}}}{s}\right)(i_d^{\mathrm{N}*}-i_d^{\mathrm{N}})+u_d^{\mathrm{N}}-\omega L i_q^{\mathrm{N}} \\ v_q^{\mathrm{N}*} = -\left(K_{\mathrm{P}}+\dfrac{K_{\mathrm{i}}}{s}\right)(i_q^{\mathrm{N}*}-i_q^{\mathrm{N}})+u_q^{\mathrm{N}}+\omega L i_d^{\mathrm{N}} \end{cases} \tag{6-13}$$

采用上述抑制交流侧负序电流的不平衡控制策略，可使电网发生不对称故障时，直驱风电系统的三相并网电流仍保持基本对称。

6.2.4 SVG变换器的控制策略

根据SVG的变流器在两相同步旋转坐标系（d，q）下的数学模型，可列出以i_d、i_q为状态变量的状态方程为

$$\begin{cases} L\dfrac{\mathrm{d}i_d}{\mathrm{d}t} = -R_1 i_d+\omega L i_q+v_1-v_d \\ L\dfrac{\mathrm{d}i_q}{\mathrm{d}t} = -R_1 i_q-\omega L i_d+v_1-v_q \end{cases} \tag{6-14}$$

其相应的矩阵形式为

$$L\frac{\mathrm{d}}{\mathrm{d}t}\begin{bmatrix}i_d\\i_q\end{bmatrix}=\begin{bmatrix}-R_1 & \omega L\\-\omega L & -R_1\end{bmatrix}\begin{bmatrix}i_d\\i_q\end{bmatrix}+\begin{bmatrix}v_{1d}\\v_{1q}\end{bmatrix}-\begin{bmatrix}v_d\\v_q\end{bmatrix} \tag{6-15}$$

对等式两边取拉普拉斯变换可得

$$LS\begin{bmatrix}I_d(S)\\I_q(S)\end{bmatrix}=\begin{bmatrix}-R_1 & \omega L\\-\omega L & -R_1\end{bmatrix}\begin{bmatrix}I_d(S)\\I_q(S)\end{bmatrix}+\begin{bmatrix}V_{1d}(S)\\V_{1q}(S)\end{bmatrix}-\begin{bmatrix}V_d(S)\\V_q(S)\end{bmatrix} \tag{6-16}$$

由式（6-16）得到 SVG 的变流器系统结构框图，如图 6-7 所示。

从图 6-7 明显可看出，有功电流 i_d和无功电流 i_q之间存在互相耦合的关系，有功电流 i_d的变化会引起无功电流 i_q的变化。同理，无功电流 i_q的变化也会引起有功电流 i_d的变化，这将不利于控制系统的设计。不过，三相静止对称坐标系（a，b，c）中三相电流的基波分量变换到两相同步旋转坐标系（d，q）后都变成了两相直流量，给控制带来了极大的便利，可采用常规的 PI 控制器实现输出的无静差调节。至于 i_d、i_q之间存在的耦合问题，可通过解耦处理，以此获得最佳的控制效果。

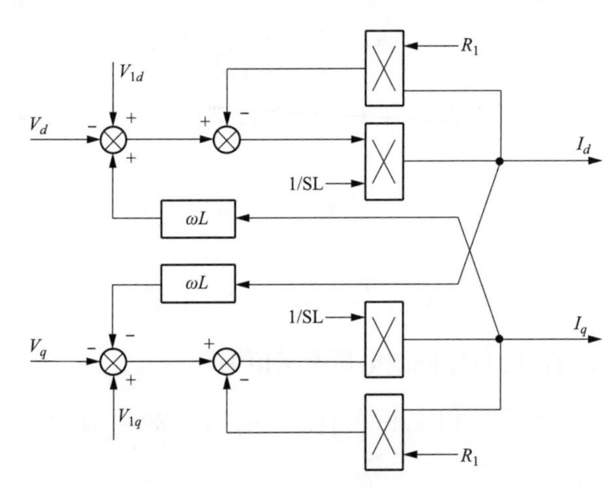

图 6-7　SVG 的变流器系统结构框图

本文采用基于两相同步旋转坐标系（d，q）的状态反馈解耦控制策略实现电流内环有功电流 i_d和无功电流 i_q的解耦控制，具体推导过程如下。

由式（6-15）整理可得

$$\frac{\mathrm{d}}{\mathrm{d}t}\begin{bmatrix}i_d\\i_q\end{bmatrix}=\begin{bmatrix}-R_1/L & 0\\0 & -R_1/L\end{bmatrix}\begin{bmatrix}i_d\\i_q\end{bmatrix}+\frac{1}{L}\begin{bmatrix}v_{1d}-v_d+\omega Li_q\\v_{1q}-v_q-\omega Li_d\end{bmatrix} \tag{6-17}$$

引入中间变量

$$\begin{cases}x_1=v_{1d}-v_d+\omega Li_q\\x_2=v_{1q}-v_q+\omega Li_d\end{cases} \tag{6-18}$$

则

$$\begin{cases} v_d = v_{1d} - x_1 + \omega L i_q \\ v_q = v_{1q} - x_2 - \omega L i_d \end{cases} \tag{6-19}$$

将式（6-18）和式（6-19）代入式（6-17）可得

$$\frac{\mathrm{d}}{\mathrm{d}t}\begin{bmatrix} i_d \\ i_q \end{bmatrix} = \begin{bmatrix} -R_1/L & 0 \\ 0 & -R_1/L \end{bmatrix}\begin{bmatrix} i_d \\ i_q \end{bmatrix} + \frac{1}{L}\begin{bmatrix} x_1 \\ x_2 \end{bmatrix} \tag{6-20}$$

若设计 x_1、x_2 的控制方程为

$$\begin{cases} x_1 = \left(K_{iP} + \dfrac{K_{iI}}{S}\right)(i_d^* - i_d) \\ x_2 = \left(K_{iP} + \dfrac{K_{iI}}{S}\right)(i_q^* - i_q) \end{cases} \tag{6-21}$$

式中 K_{iP}、K_{iI}——电流内环比例调节增益和积分调节增益；

i_d^*、i_q^*——i_d、i_q 电流指令值。

将式（6-21）代入式（6-20），并整理可得

$$\frac{\mathrm{d}}{\mathrm{d}t}\begin{bmatrix} i_d \\ i_q \end{bmatrix} = \begin{bmatrix} -\left[R_1 - \left(K_{iP} + \dfrac{K_{iI}}{S}\right)\right]\Big/L & 0 \\ 0 & -\left[R_1 - \left(K_{iP} + \dfrac{K_{iI}}{S}\right)\right]\Big/L \end{bmatrix}\begin{bmatrix} i_d \\ i_q \end{bmatrix} - \frac{1}{L}\left(K_{iP} + \frac{K_{iI}}{S}\right)\begin{bmatrix} i_d^* \\ i_q^* \end{bmatrix} \tag{6-22}$$

显然，式（6-22）表明：基于状态反馈的控制算法式（6-18）和式（6-21）使 SVG 的三相电压型变流器电流内环（i_d，i_q）实现了解耦控制。SVG 的系统控制框图如图 6-8 所示。

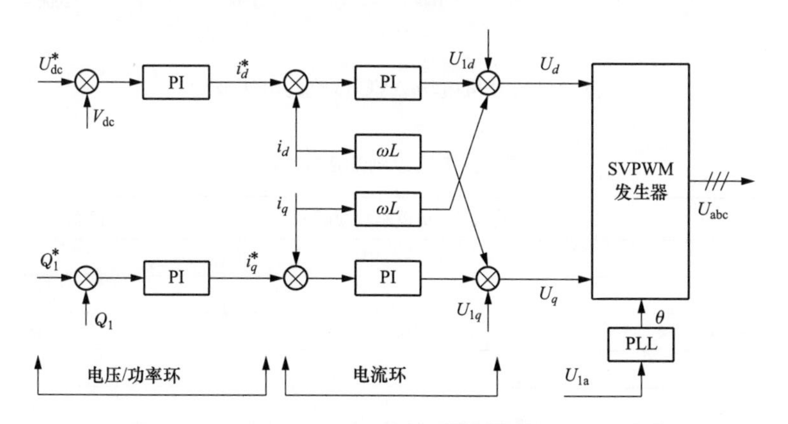

图 6-8 SVG 的系统控制框图

图 6-8 中，电流的有功分量指令值 i_d^* 是由 SVG 的直流母线电压 PI 控制器输出构成，其无功分量指令值 i_q^* 则由 SVG 输出无功功率 PI 控制器输出构成。

6.3 内陆分散式风电场电压调节能力提升工程实例

6.3.1 湖南 BL 风电场 AVC 系统的试验结果

BL 风电场 AVC 试验的电压波形如图 6-9 所示。其中，线电压设定值曲线代表上级下达的风电场并网点线电压指令，它从 118kV 调至 116kV，再调至 114kV，再调回来，每次变化幅度为 2kV，持续时间为 5min。另外三条曲线代表风电场并网点的三相线电压值。从图 6-9 可看出，它们与上级下达的电压指令曲线具有较好的拟合性，其电压无功控制响应指标见表 6-1，这也说明 BL 风电场 AVC 系统的控制效果较好。

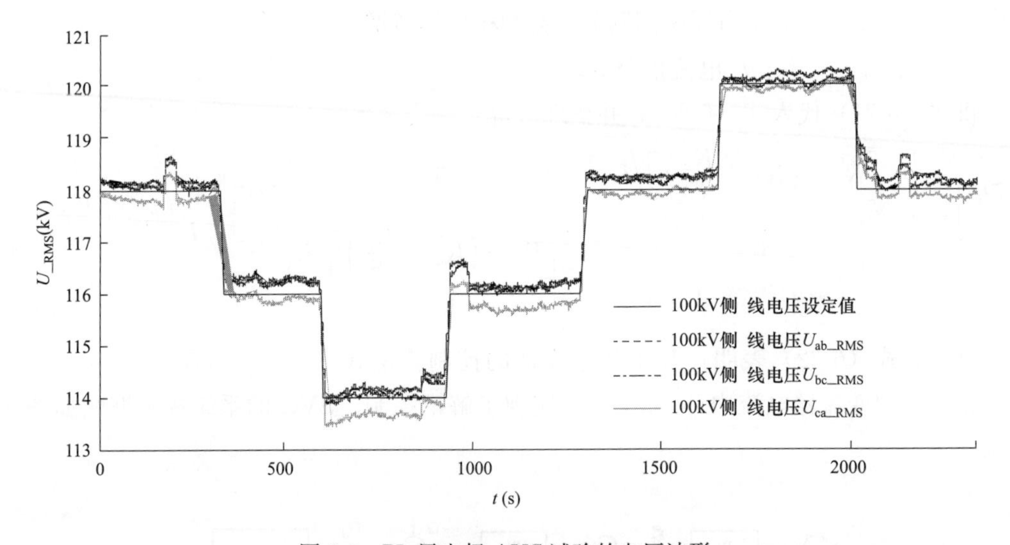

图 6-9 BL 风电场 AVC 试验的电压波形

表 6-1 无功/电压控制响应指标

电压设定值	电压/无功控制响应时间	稳态电压偏差
→118	—	0.50
118→116	15.6	0.40
116→114	16.3	0.48
114→116	16.0	0.57
116→118	16.9	0.23
118→120	16.9	0.23
120→118	18.4	0.56

BL 风电场 AVC 试验的功率波形如图 6-10 所示，从图中可看出，风电场的有功功率约 5MW，不到风电场装机容量的 1/10，而风电场最大无功功率达到了 15Mvar（全部是

风机发出的无功功率），这意味着，一方面风机在较小的有功功率下仍能输出/吸收较大的无功功率；另一方面风机在低功率因数下仍能保持正常运行，基本达到了设计的预期效果。

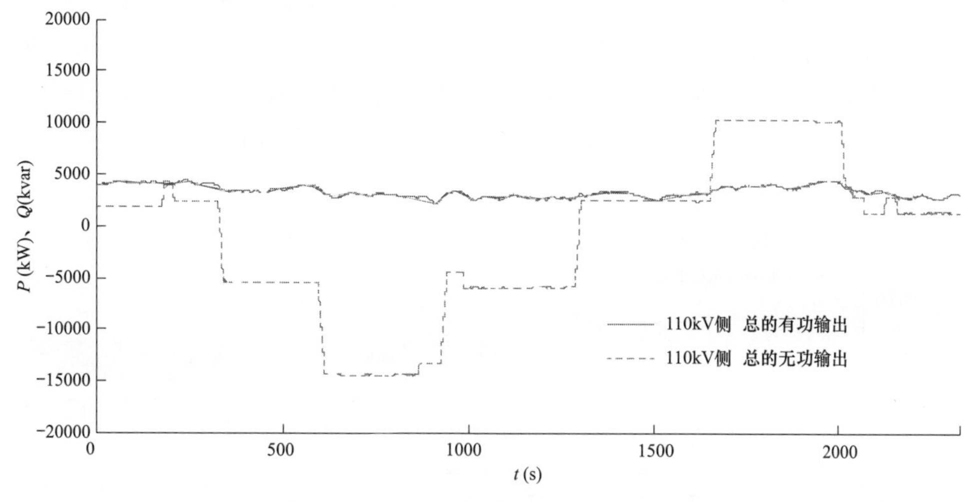

图 6-10　BL 风电场 AVC 试验的功率波形

6.3.2　SY 风电场 AVC 系统的试验结果

SY 风电场 AVC 试验的电压波形如图 6-11 所示，SY 风电场 AVC 试验的功率波形如图 6-12 所示。整个试验分为四个阶段：第 1 阶段，上级下达的线电压指令值为 115kV，为响应上级的电压指令，风电机群输出的无功为 5.8Mvar，SVG 处于热备用状态，输出无功功率基本为 0；第 2 阶段，上级下达的线电压指令值为 117kV，为响应上级的电压指令，风电机群输出的无功为 17.4Mvar，SVG 仍处于热备用状态，输出无功功率基本为

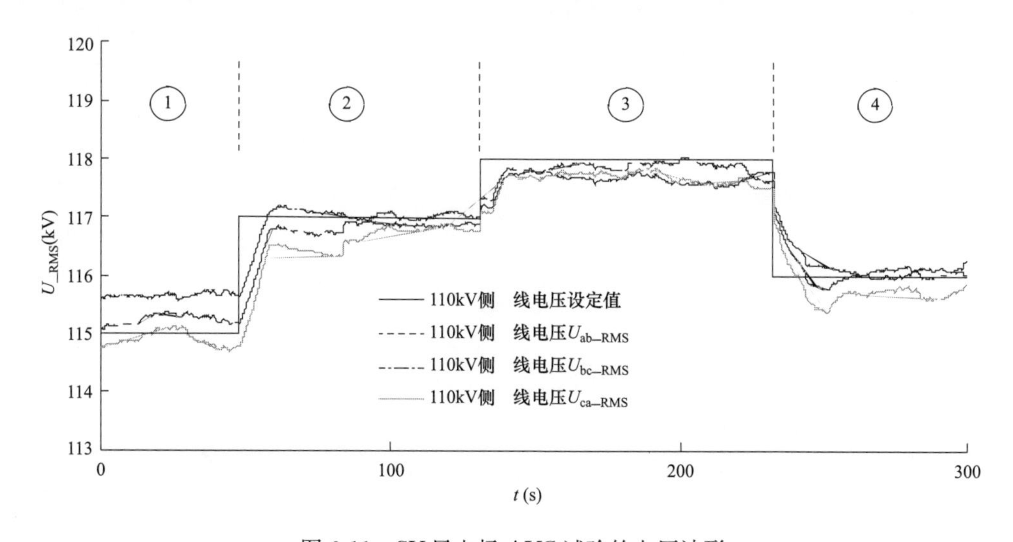

图 6-11　SY 风电场 AVC 试验的电压波形

0；第 3 阶段，上级下达的线电压指令值为 118kV，为响应上级的电压指令，风电机群输出的无功为 21.5Mvar，此时风机的无功功率已达到最大值，SVG 将补偿剩余需要的无功，它输出的无功功率为 2.07Mvar；第 4 阶段，上级下达的线电压指令值为 116kV，由于电压参考指令的降低，因此，风电场所需的无功指令也会随之降低。此时，SVG 将首先降低，其输出的无功功率基本降低至 0，风电机群输出的无功降低为 9.3Mvar。从以上 AVC 试验的联动过程看，它基本达到了 AVC 系统设计的预期效果，即首先联动风机，充分利用风机的无功资源，其次，再联动 SVG，发挥它的补偿作用。

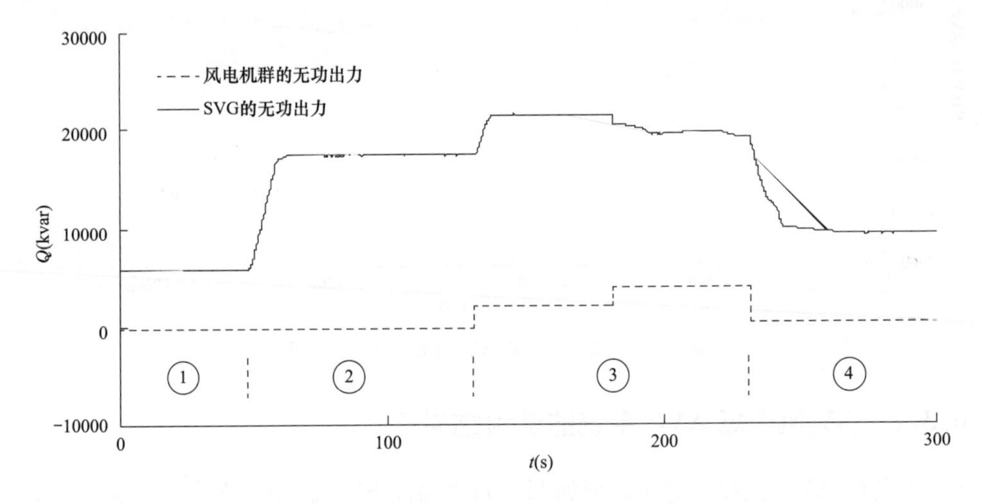

图 6-12　SY 风电场 AVC 试验的功率波形

7 内陆分散式风电远程智能检测平台

内陆分散式风电场并网检测是监督和考核风电场发电质量、保障风电场安全运行的重要手段。风电场并网检测以新能源并网标准为依据，通过现场检测、仿真评估、现场检查等手段，对并网标准要求的新能源电站并网特性进行评价，目的是检测和监督电站并网性能。传统风电场并网检测方式是检测人员携带检测设备到风电场现场开展试验，完成现场试验后对试验数据进行离线人工分析。这种检测方式受现场风速条件限制，且风速随机性强，需要人员频繁前往现场，并网调试时间长、无法对调试结果进行及时、自动评估。这种检测技术效率低，难以满足大量分散式风电并网检测的需求，且检测的人力和物力投入大。针对上述问题，开发了内陆分散式风电远程智能检测系统，实现风电并网性能的远程检测与智能评估，显著提升了风电场并网性能检测效率。

7.1 内陆分散式风电远程智能检测与评估系统架构

风电场远程智能检测平台建设目标是实现风电场并网性能远程检测、检测数据压缩远程存储和自动开展并网性能智能评估等功能。克服检测试验需要频繁去现场作业的问题，实现试验人员只需在现场风速达标情况下即可远程开展检测工作，并自动进行试验数据的分析，从而减少风电并网性能检测所需的人力和时间。

风电场并网点处三相电压/电流信号通过现地测量单元测量如图 7-1 所示，同时现地测量单位对电压/电流信息进行边缘计算获得电压、电流有效值、各次谐波含有量、有功功率、无功功率、视在功率等关键指标，通过多种通信方式将检测结果传输至监控中心后台服务器，然后进行并网性能高级数据分析，最终得到风电场的并网性能评估结果，其风电远程智能检测与评估系统的省级主站如图 7-2 所示。

7.1.1 风电远程智能检测与评估系统需求

（1）全面实时掌握电气参数。

（2）专业的电能质量管理。

（3）详尽报表分析（包括电能质量事件、并网点功率趋势、故障波形等）。

（4）数据访问的共享。

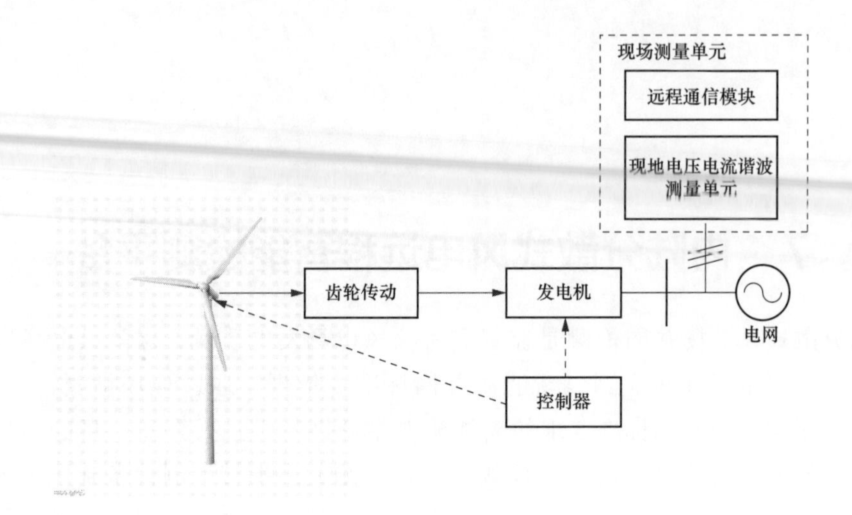

图 7-1　风电机组并网特性检测现地单元

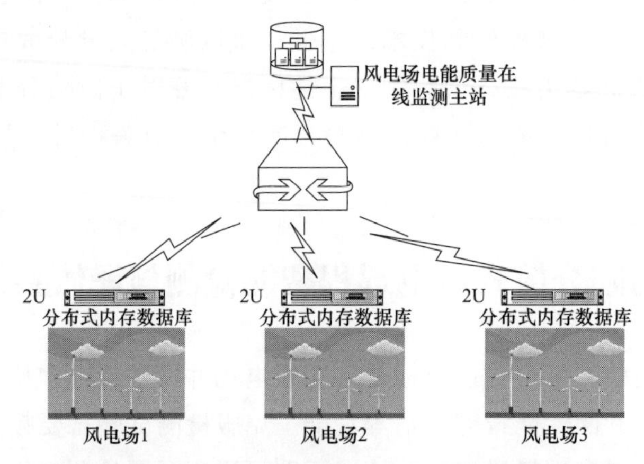

图 7-2　风电远程智能检测与评估系统的省级主站

7.1.2　风电远程智能检测与评估系统方案

风电远程智能检测与评估系统方案的架构如图 7-3 所示。该系统由现场监控层、通信接口层、系统管理层构成。现场监控层主要负责采集现地风机并网点的数据，通信接口层负责将风电场内所有现场监控装置的数据汇总，并通过远程通信信道传输至省级主站，系统管理层负责管理省内所有风机的远程智能检测装置上传的数据，并进行相应的分析。

1. 系统管理层

山地风电远程智能检测与评估系统采用基于网页/服务器（Browser/Server）模式的分布式网络结构，以多进程、多任务、抢占式的 Linux 操作系统作为服务器平台，该系统采用标准化、网络化、功能分布的体系结构，且有高度的可靠性和维护方便性，系统具备软、硬件的扩充能力，支持系统结构的扩展和功能的升级；可根据系统的规模和特殊需求，充分优化网络各节点资源和均衡网络负担。

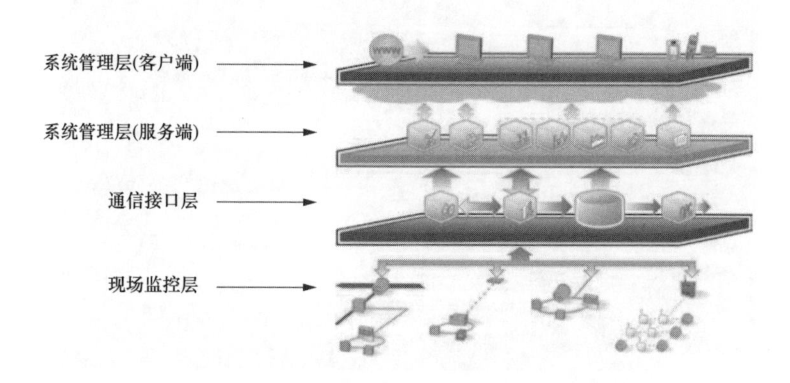

图 7-3 风电远程智能检测与评估系统方案的架构

2. 通信接口层

通信接口层采用分布部署、主控室统一管理的模式，并为系统扩展预留接口。根据具体的通信方案，通信接口层由交换机、光电转换器和通信介质（如屏蔽双绞线、光纤、交换机等）组成。为适应部分风电场无稳定上行通道，可兼容电力无线专网上行通道。

3. 现场监控层

智能化山地风电场并网性能现场监控装置，实现全电量测量（U、I、P、Q、$\cos\phi$、f、kWh、kvar・h 等）、并网性能管理、事故记录与分析等功能。智能化并网性能现场监控装置可提供监测各种并网性能指标测量功能。

7.2 风力发电机组智能化现场监控装置

山地风电远程智能检测与评估系统样机如图 7-4 所示。图 7-4（b）为现地远程测量与传输装置（硬件部分），负责风电场并网点电压/电流采集、数据的边缘计算和数据远程压缩传输；图 7-4（c）为风电场并网性能智能评估主站（软件部分），自动接收现地远程测量与传输装置的现场检测数据，并自动开展数据的高级分析，智能分析出风电场并网性能的相关指标，按照需要自动生成相关的报表。

7.2.1 内陆分散式风电现地远程测量与传输装置功能

1. 测量功能

可精确测量单相和三相电路超过 20 种电能质量分析参数。

（1）电压测量范围：额定值的 50%～120%。

（2）电流测量范围：额定值的 20%～120%。

（3）频率测量范围：20～80Hz。

(a)现地测量采集与远程数据传输装置外观

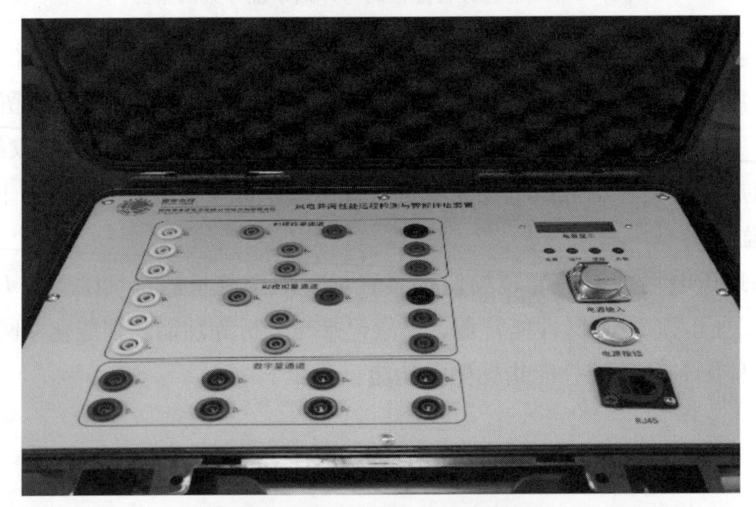

(b)现地测量采集与远程数据传输装置硬件部分

(c)风电并网性能智能评估软件部分

图 7-4　山地风电远程智能检测与评估系统样机

2. 率定功能

提供 AD 通道、DA 通道的率定功能，补偿电平漂移，提高测量精度。

3. D/A 输出

通过上位机界面配置选择输出方式，可将测量的功率信号转换为 4～20mA、0～10V 等 7 种可选的模拟量信号输出到数据记录仪予以记录。

4. 丰富的通信接口

通信方式可选 RS-232、RS-485 及以太网 TCP/IP，方便用户读取和保存数据。

5. 故障检测

可诊断电路的断线故障。

7.2.2 内陆分散式风电现地远程测量与传输装置特点

1. 适用性广

采用三通道交流分析，适用于 1W、1W4、2W3、3W3 和 3W4 五种接线方式。

2. 多种参数测量

高速实时采样，功能强大的参数分析引擎，超过 20 种电能质量分析参数和 0～11 次谐波分析。

3. 快速显示和数据更新

高速响应，响应速度最快达到 10ms（标准信号，频率 50Hz），实时跟踪信号。

4. 多种通信接口

网口/RS-232/RS-485 三种高速通信接口，通信协议采用开放的 MODBUS 协议，适用于不同的应用场合。

5. D/A 输出多样性

两路 D/A 模出，7 种模拟量信号输出方式，满足用户需要。

6. 任意组态

功能模块化，方便二次开发。

7. PC 端软件

友好的用户界面：参数设置简便，参数分析和显示快捷，并提供通道率定功能。

7.2.3 内陆分散式风电现地远程测量与传输装置现场接线

智能化现场监控装置输入端口可直接接入风电变流器测量柜的电压互感器与电流互感器，无需其他配套传感器，现场测量单元样机原理如图 7-5 所示。其通信接口包括 RS-485 接口（标准 MODBUS-RTU 协议），以太网接口（MODBUS-TCP、IEC 61850 等）。485 总线上可同时接 247 只智能化现场监控装置进行遥测、遥控、遥信、遥调等“四遥”功能。通过该接口，可接入其他被控设备、各类现场总线控制等装置。

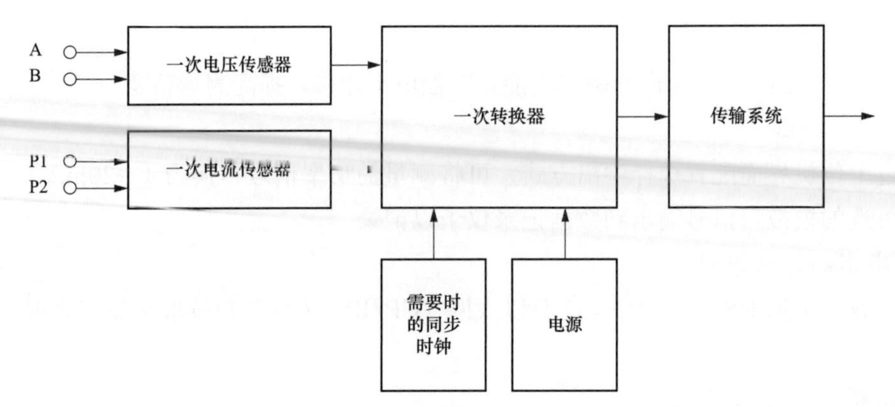

图 7-5　现场测量单元样机原理

智能化现场监控装置的数据地址索引映像见表 7-1。

表 7-1　　智能化现场监控装置的数据地址索引映像

地址（byte）	数据	说明
0～2	ERR［0］～ERR［2］	指示 3 个通道的信号是否断线。0—断线；1—正常
3	CALERR	一个周期内 FFT 算法能否计算完成。0—完成；1—超时
4～7	P	总有功功率
8～11	Q	总无功功率
12～15	S	总视在功率
16～19	φ	总功率因数
20～23	CUF	电流不平衡度
24～27	VUF	电压不平衡度
28～67	U1、I1、Fre1、φ1、P1、Q1、S1、Cof1、UTHD1、ITHD1	通道 1：电压，电流，频率，相角，有功，无功，视在，功率因数，电压谐波总失真，电流谐波总失真
68～107	U2、I2、Fre2、φ2、P2、Q2、S2、Cof2、UTHD2、ITHD2	通道 2：电压，电流，频率，相角，有功，无功，视在，功率因数，电压谐波总失真，电流谐波总失真
108～147	U3、I3、Fre3、φ3、P3、Q3、S3、Cof3、UTHD3、ITHD3	通道 3：电压，电流，频率，相角，有功，无功，视在，功率因数，电压谐波总失真，电流谐波总失真
148～267	U_rms1［0］～U_rms1［11］	通道 1：0～29 次谐波电压有效值
268～387	U_rel1［0］～U_rel1［11］	通道 1：0～29 次谐波电压相对值（相对于基波）
388～507	I_rms1［0］～I_rms1［11］	通道 1：0～29 次谐波电流有效值
508～627	I_rel1［0］～I_rel1［11］	通道 1：0～29 次谐波电流相对值（相对于基波）
628～747	U_rms2［0］～U_rms2［11］	通道 2：0～29 次谐波电压有效值
748～867	U_rel2［0］～U_rel2［11］	通道 2：0～29 次谐波电压相对值（相对于基波）
868～987	I_rms2［0］～I_rms2［11］	通道 2：0～29 次谐波电流有效值
988～1107	I_rel2［0］～I_rel2［11］	通道 2：0～29 次谐波电流相对值（相对于基波）
1108～1227	U_rms3［0］～U_rms3［11］	通道 3：0～29 次谐波电压有效值
1228～1347	U_rel3［0］～U_rel3［11］	通道 3：0～29 次谐波电压相对值（相对于基波）
1348～1467	I_rms3［0］～I_rms3［11］	通道 3：0～29 次谐波电流有效值
1468～1587	I_rel3［0］～I_rel3［11］	通道 3：0～29 次谐波电流相对值（相对于基波）

续表

地址（byte）	数据	说明
1588～1591	Time_Response	信号实际响应时间
1592～1595	U_zero	零序电压
1596～1599	I_zero	零序电流
1600	SHAPE	接入电压信号的相序是否错误（三相四线制）

7.3 风电远程智能检测与评估系统主站实现

7.3.1 风电远程智能检测与评估系统海量数据管理

数据海量化的原因为：一方面，电能质量监测指标（简称“指标”）数量众多，除基本的电压、电流、频率外，还包括谐波、间谐波、三相不平衡、闪变及暂态事件等。同时，由于电能质量问题具有随机性，除实时数据外，也注重各类统计数据（最大值、最小值、平均值及95%概率值）的分析。

风电远程智能检测与评估系统采用的是一种基于分布式图和数据库的海量监测数据管理方案。要求充分利用平台中各异构监测子站服务器的计算资源、存储空间和网络带宽，实现海量监测数据的高效管理。

Hadoop分布式文件系统（HDFS）被设计成适合运行在通用硬件（commodity hardware）上的分布式文件系统。它和现有的分布式文件系统有很多共同点。但它和其他的分布式文件系统的区别也很明显。HDFS是一个高度容错性的系统，适合部署在普通机器上。HDFS能提供高吞吐量的数据访问，非常适合大规模数据集上的应用。HDFS放宽了一部分POSIX约束，来实现流式读取文件系统数据的目的。基于分布式数据库的风电远程智能检测与评估系统海量数据管理架构如图7-6所示。

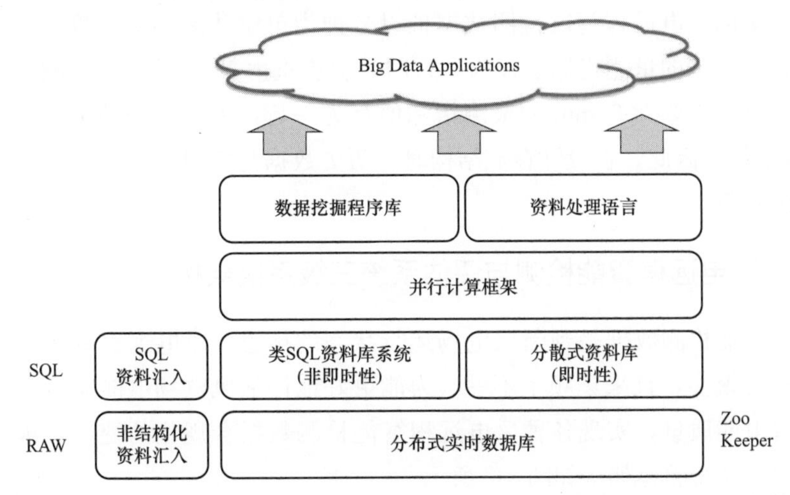

图7-6 基于分布式数据库的风电远程智能检测与评估系统海量数据管理架构

本系统架构的基础核心是 Hbase 分布式数据库，HBase 是一个分布式的、面向列的开源数据库，该技术来源于 Fay Chang 撰写的论文“Bigtable：一个结构化数据的分布式存储系统”。HBase 在 Hadoop 之上提供了类似于 Bigtable 的能力。HBase 是 Apache 的 Hadoop 项目的子项目。HBase 不同于一般的关系数据库，它是一个适合于非结构化数据存储的数据库。另一个不同的是 HBase 基于列的，而不是基于行的模式。

HBase-Hadoop Database，是一个高可靠性、高性能、面向列、可伸缩、实时读写的分布式数据库，利用 Hadoop HDFS 作为其文件存储系统，利用 Hadoop MapReduce 来处理 HBase 中的海量数据，利用 Zookeeper 作为其分布式协同服务，其主要用来存储非结构化和半结构化的松散数据（列存 NoSQL 数据库）。

Hadoop 集群采取主从结构，主节点 Master 负责对集群元数据进行管理和维护，并监测各节点的状态，平衡负载；从节点 Region Server 负责管理数据的存储，实现读写操作，对 Region 进行自动分区；Zookeeper 管理 HBase 集群运行状态。在更新数据时，Region Server 将操作记录到 WAL（Write-Aheadlog）中，再将数据写入 MemStore 里，写入数据累积一定数量后，将持久化到 BFile 中，这种机制保证了数据的安全和可靠。

7.3.2 风电远程智能检测与评估系统海量数据存储结构

海量数据的形成导致数据占用空间大、数据容易堆积等。因此，结合大数据平台实现数据存储的优点如下。

（1）可以尽可能快地存储历史数据和实时数据，杜绝数据累积。

（2）在合理设计存储结构的基础上，减少数据存储空间，降低成本。

（3）通过合理设计表结构，满足业务查询和统计的需求，提供快速索引和查询的能力。

本系统采集的风电远程智能检测数据拟以分钟为单位从终端采集数据，若将每个风电远程智能检测数据的量测指标值存为一行时，会查询海量 rowkey，影响查询性能。在每日统计时，将一天 24×60min 的量测指标值存为一行，表示按分钟采集数据时，全天共采集 1440 个值。因此，在设计存储结构时，历史数据与实时数据的表结构都以时间偏移量作为列限定符。

7.3.3 风电远程智能检测与评估系统三级系统架构

风电远程智能检测数据是判断风电场运行状态的标志。风电远程智能检测数据涉及的量测指标种类繁多，且采集频率不一。为能更好地评估风电场电能质量问题，增强发电效率，改善电能质量，实现各种风电远程智能检测数据合规化的统一管理，风电远程智能检测与评估系统整体架构如图 7-7 所示。

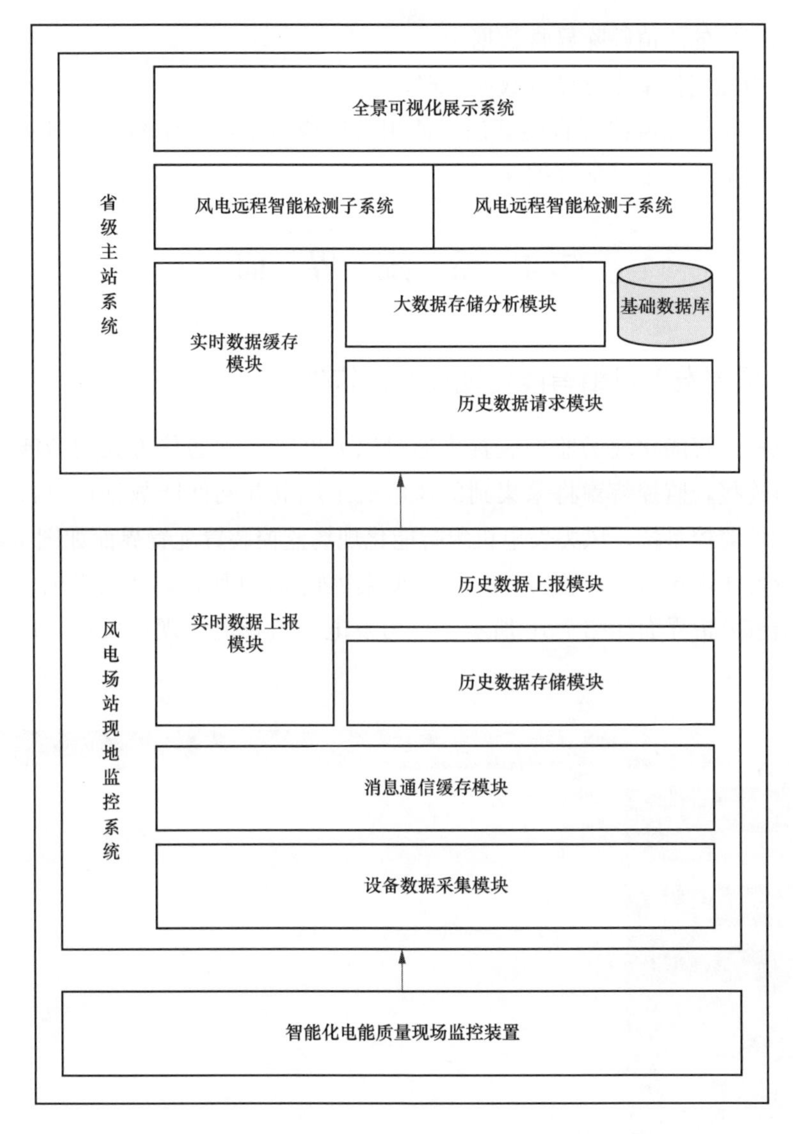

图 7-7 风电远程智能检测与评估系统整体架构

该系统分为智能化电能质量现场监控装置、风电场站现地监控系统和省级主站系统三部分。智能化电能质量现场监控装置在底层，结合高级量测技术获取风电机组并网点中的各项电能质量数据；风电场站现地监控系统接收实时数据和历史数据，经过预处理后将数据上报；省级主站系统接收数据，实现数据存储、分析计算和评估等功能，并将结果进行展示。

7.3.4 风电远程智能检测与评估系统异常数据辨识

电能质量数据的数据量庞大且复杂，这对数据处理提出了较高要求。目前，数据处理的方法较多，主要分为三种处理方式：

（1）根据指标的阈值筛除异常数据。

（2）根据指标变化率进行异常数据处理。

（3）结合人工神经网络等智能算法，使用自适应自学习异常数据处理方法，标记风力发电机组并网电能质量异常数据。

7.4 系　统　界　面

7.4.1 风力发电机组智能化现场监控软件

风力发电机组智能化现场监控装置可通过以太网等多种通信方式与智能化风电并网性能监控装置连接，监控装置将采集到的风电机组风电并网性能数据通过特定协议上传至风电场站现地监控系统，风力发电机组智能化现场监控装置配置界面如图 7-8 所示。风力发电机组智能化现场监控装置实时波形显示界面如图 7-9 所示。风力发电机组智能化现场监控装置谐波分析界面如图 7-10 所示。风力发电机组智能化现场监控软件的主要功能如下：

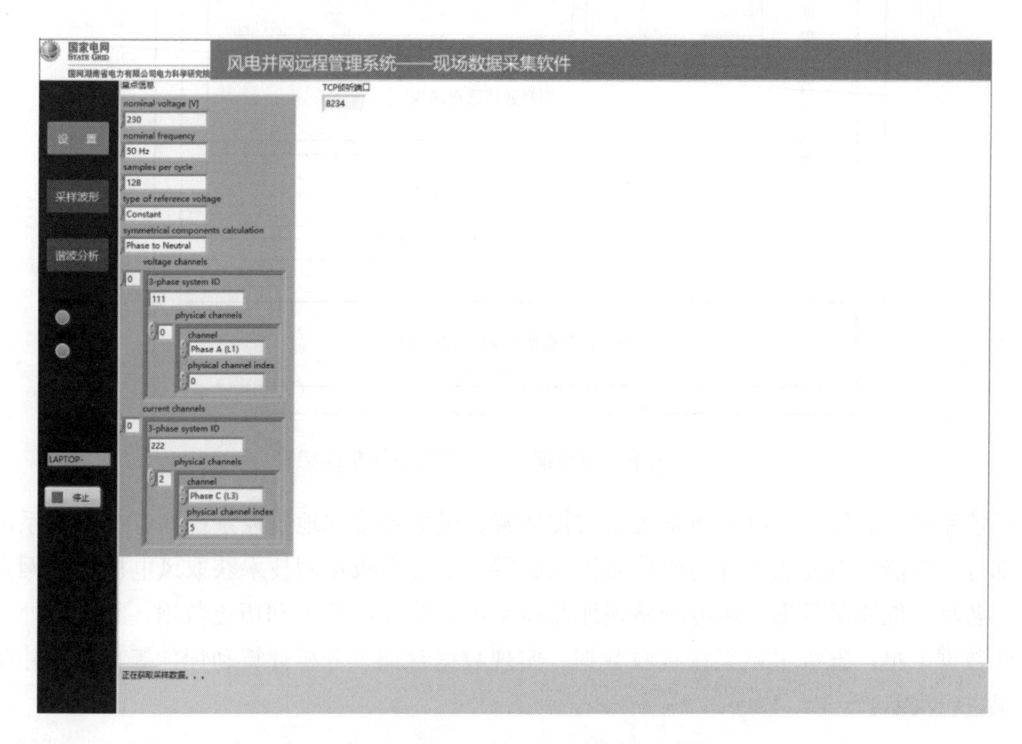

图 7-8　风力发电机组智能化现场监控装置配置界面

（1）实时显示风力发电机组并网点的三相电压电流采样数据。

（2）实时显示风力发电机组并网点的三相电压电流谐波分析数据。

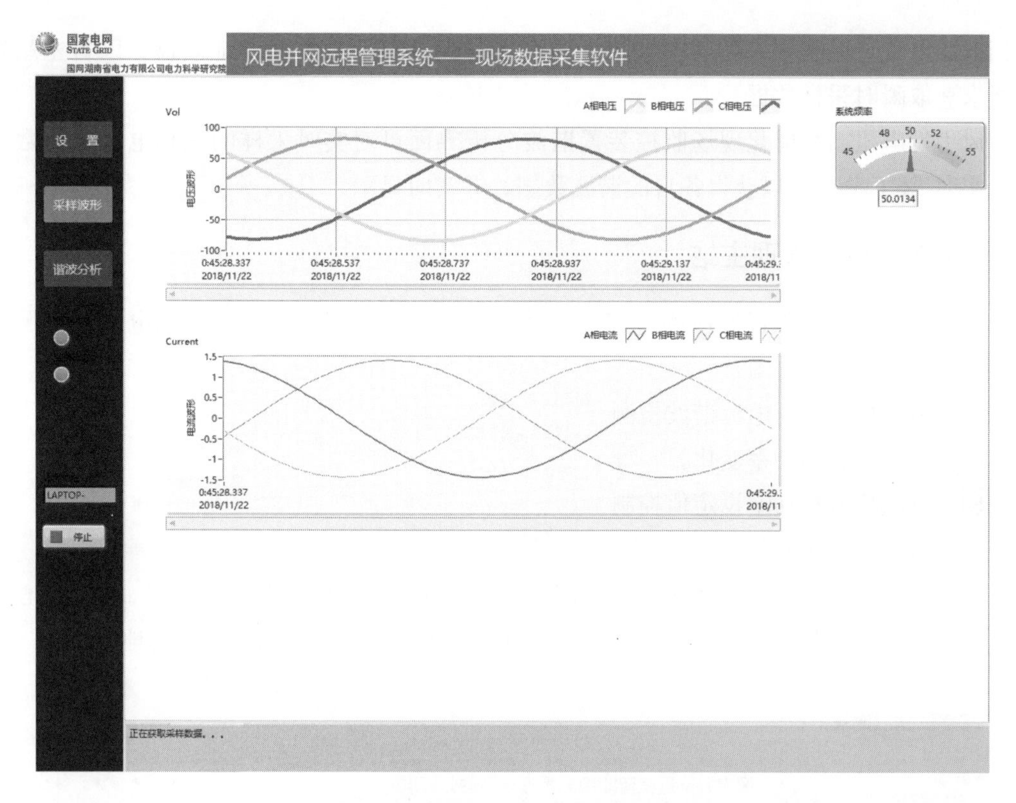

图 7-9 风力发电机组智能化现场监控装置实时波形显示界面

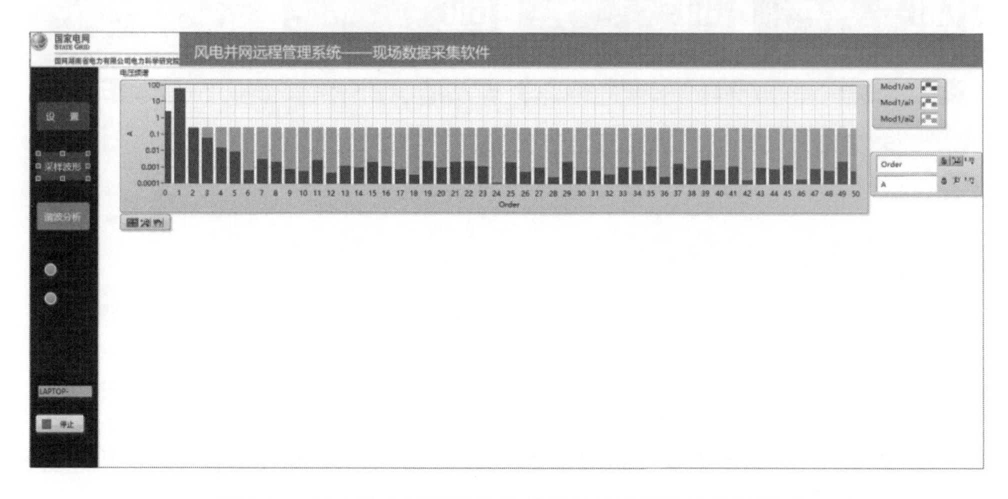

图 7-10 风力发电机组智能化现场监控装置谐波分析界面

（3）配置管理检测点的信息。

风力发电机组智能化现场监控装置配置界面用于配置测量点的基本信息，如母线电压等级、电网基础频率、采样频率、电压互感器接线方式（星型或三角形），以及测量点命名信息，系统监听端口和互感器变比。

风力发电机组智能化现场监控装置实时波形显示界面可实时显示采样装置采集到的

三相电压电流、系统频率的实时波形，并可实时保存波形数据至本地硬盘，以备主站软件请求获取瞬时采样数据。

风力发电机组智能化现场监控装置谐波分析界面可对实时采样的三相电压电流数据进行实时 FFT 分析，以获得各自的谐波数据，并实时显示。

7.4.2　后台管理主站

风电机组并网远程智能检测管理与评估分析系统已上线运行，其对风电机组的测试内容如下。

（1）风电机组电压电流谐波检测。

（2）风电场有功功率变化。

（3）风电场有功功率设定值控制。

（4）风电场电压调节能力。

后台管理主站——主界面如图 7-11 所示。主界面有数据检测平台入口、数据中心入口、运行数据入口和并网流程管理入口，并可将省内风电场显示到主界面的地图。

图 7-11　后台管理主站——主界面

后台管理主站——谐波电流分析界面如图 7-12 所示，可实时显示各风电机组并网点的电流谐波数据。

后台管理主站——谐波电压分析界面如图 7-13 所示，可实时显示各风电机组并网点的电压谐波数据。

后台管理主站主动采集和分析的风电场有功功率变化统计结果和有功功率跟踪控制效果如图 7-14 所示，基于统计分析结果，可直接分析出风电场有功功率变化指标值是否满足国标要求，以此来评估风电场的有功功率控制能力。

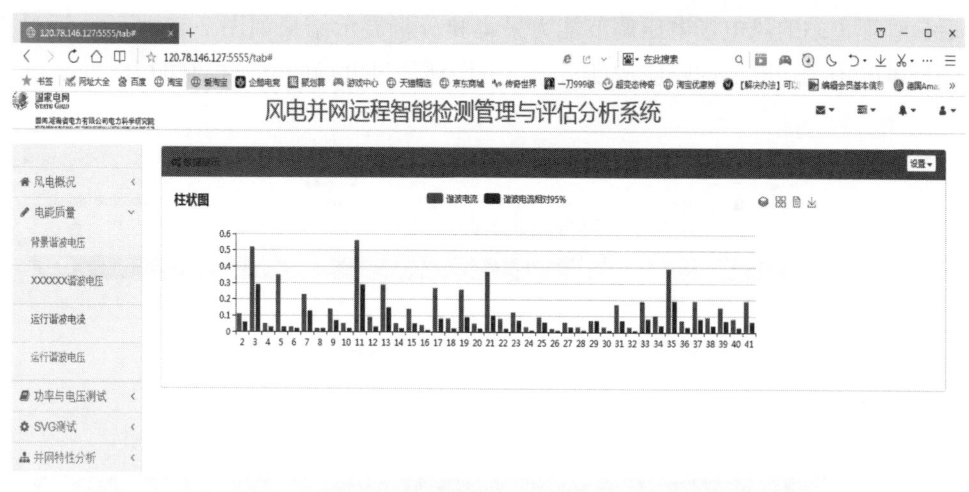

图 7-12　后台管理主站——谐波电流分析界面

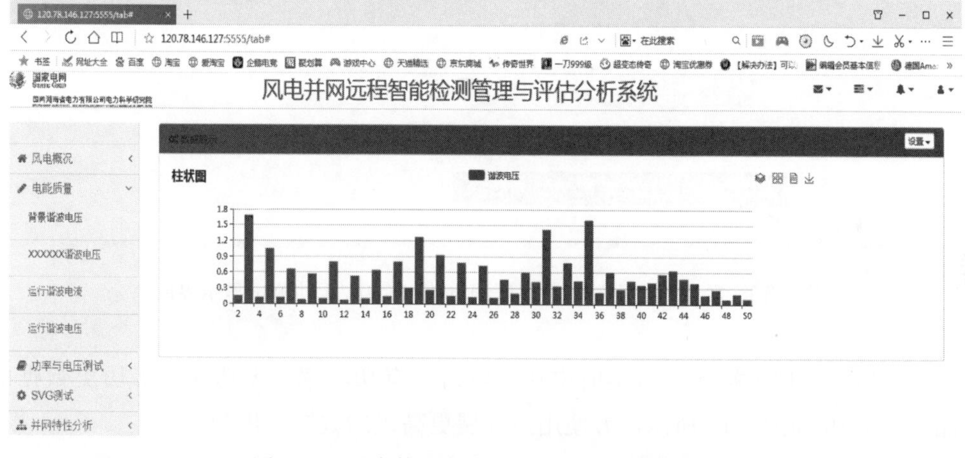

图 7-13　后台管理主站——谐波电压分析界面

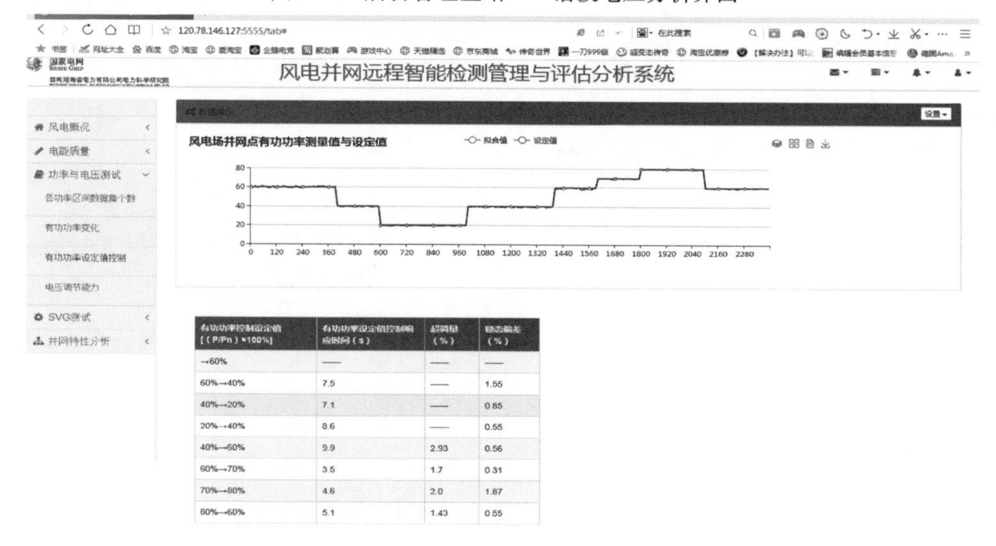

有功功率控制设定值[(P/Pn)×100%]	有功功率设定值控制响应时间(s)	超调量(%)	稳态偏差(%)
→60%	——	——	——
60%→40%	7.5	——	1.55
40%→20%	7.1	——	0.85
20%→40%	8.6	——	0.55
40%→60%	9.9	2.93	0.56
60%→70%	3.5	1.7	0.31
70%→80%	4.6	2.0	1.87
80%→60%	5.1	1.43	0.55

图 7-14　后台管理主站——风电场并网点有功功率测量值与设定值界面

后台管理主站的风电场电压调节能力采集和分析展示结果如图 7-15 所示，通过检测数据分析风电场无功电压的响应速度指标，进而评估风电场的电压控制能力。

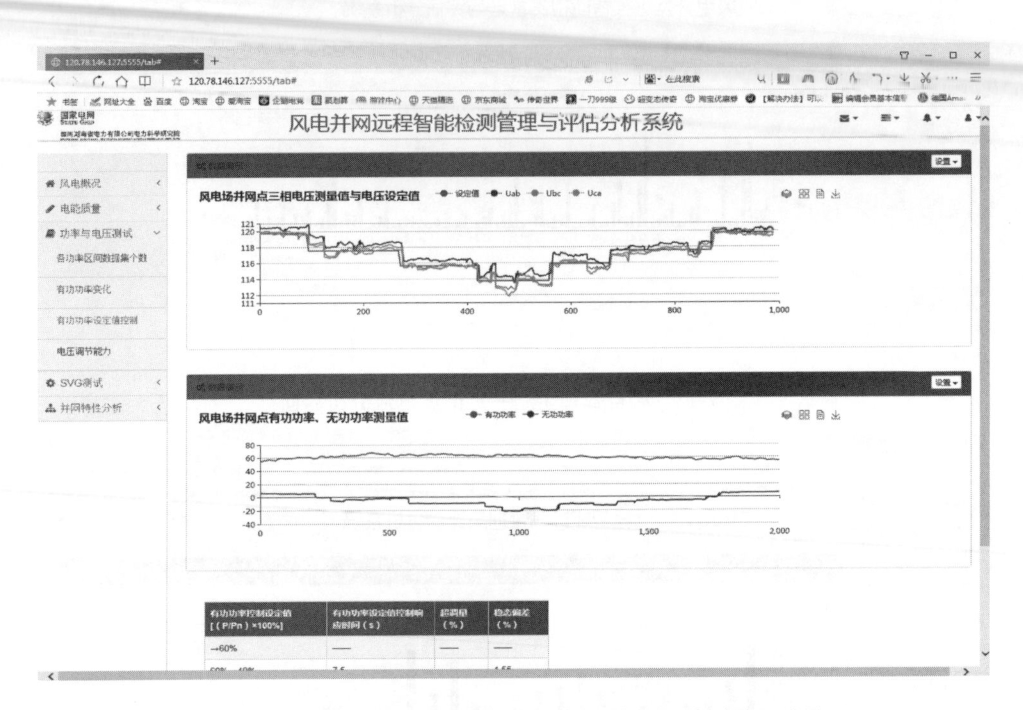

图 7-15　后台管理主站——电压测量值与有功/无功测量显示界面

同时，后台管理主站还提供实时电压、电流、有功功率、无功功率等历史数据的查询功能如图 7-16 和图 7-17 所示，方便用户开展更高级的数据分析功能。

电能质量实时监测系统

导出excel

概述　Ua谐波　Ub谐波　Uc谐波　Ia谐波　Ib谐波　Ic谐波

时间	总有功功率	总无功功率	Ua	Ub	Uc	Ia	Ib	Ic
10/25/2018, 4:01:45 PM	0	0	2.43	0.06	0.1	0	0.01	0
10/25/2018, 4:01:40 PM	-0.01	0	2.44	0.06	0.1	0	0.01	0
10/25/2018, 4:01:36 PM	0.01	0.02	2.44	0.06	0.1	0.01	0.01	0.01
10/25/2018, 4:01:31 PM	-453.74	261.56	58.01	57.91	57.93	3.01	3.01	3.01
10/25/2018, 4:01:26 PM	-453.74	261.57	58	57.91	57.93	3.01	3.01	3.01
10/25/2018, 4:01:22 PM	-453.74	261.55	58	57.91	57.93	3.01	3.01	3.01
10/25/2018, 4:01:17 PM	-453.74	261.56	58	57.91	57.93	3.01	3.01	3.01
10/25/2018, 4:01:12 PM	-262.33	453.3	58.01	57.9	57.93	3.01	3.01	3.01
10/25/2018, 4:01:07 PM	-262.33	453.3	58	57.91	57.93	3.02	3.01	3.01
10/25/2018, 4:01:03 PM	-262.33	453.29	58	57.91	57.93	3.02	3.01	3.01
10/25/2018, 4:00:56 PM	-0.65	523.75	58.01	57.9	57.93	3.02	3.01	3.01
10/25/2018, 4:00:53 PM	-0.66	523.75	58	57.91	57.93	3.02	3.01	3.01
10/25/2018, 4:00:49 PM	-0.66	523.74	58.01	57.9	57.93	3.02	3.01	3.01
10/25/2018, 4:00:44 PM	261.21	453.97	58	57.91	57.93	3.02	3.01	3.01
10/25/2018, 4:00:39 PM	261.19	453.99	58	57.91	57.93	3.02	3.01	3.01
10/25/2018, 4:00:35 PM	453.1	262.74	58	57.9	57.93	3.02	3.01	3.01

图 7-16　后台管理主站——风电机组电压电流谐波列表显示界面

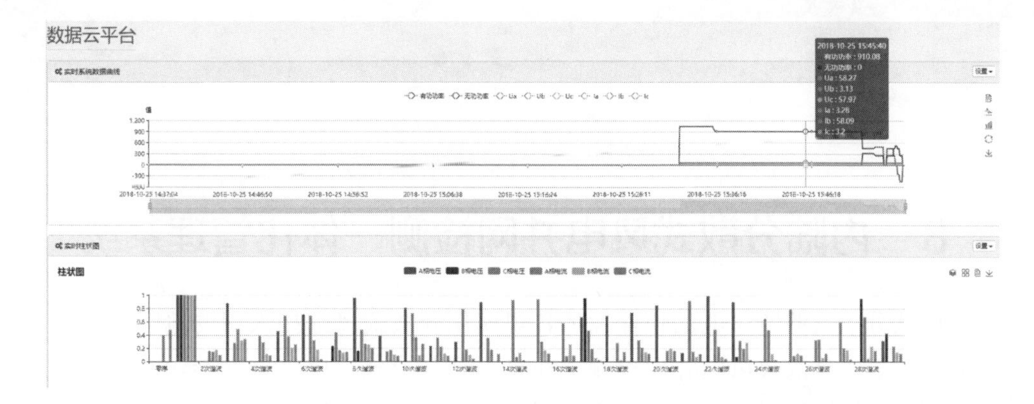

图 7-17 后台管理主站——风电机组电压电流有功无功历史数据查询界面

7.5 小 结

根据山地式风电远程智能检测需求分析的结果，构建了一个山地式风电远程智能检测与评估系统。该系统具有在线化、可视化、智能化等特点，可在本地监控和远方主站直观化显示电网各风电场并网点的各类检测数据。实现风电并网性能的远程检测与监测，并网性能指标的智能评估，实现了山地风电场并网性能的智能化检测与分析功能应用。

8 内陆分散式风电并网检测一体化管理系统

随着内陆分散式低速风电的快速发展，规模化分散式风电接入后的地区电网安全稳定问题日益凸显。分散式风电并网检测工作是提升分散式风电涉网性能，实现分散式风电友好并网和网源协调优化运行的关键手段。目前，分散式风电并网检测工作包括风电入网评估及评审、并网检测申请与资料收集、并网检测方案制定与审定、现场实验与仿真评价，涉网性能整改等5大环节，具有任务繁多，跨度时间长，调度机构、评价机构、检测机构与风电场业主沟通频繁的特点。由于缺乏有效的管理手段与平台，一方面，无法对并网检测的全过程进行高效管理，不能及时了解现场检测进度，同时降低了不同机构间的沟通效率；另一方面，无法有效督促风电场业主对不满足要求的涉网性能指标进行整改，且无法对风电场日常运行过程中涉网性能进行监测和综合评估。因此，需要对分散式风电并网检测进行全过程、全方位的高效管理，实现对分散式风电场并网安全性的智能分析和综合评价，提升区域性规模化分散式风电运行风险预警能力。

8.1 系统功能框架

分散式风电并网检测一体化管理与涉网性能评估系统包括两个功能：①进行分散式风电并网检测的全过程管理；②开展分散式风电涉网性能的综合评估。分散式风电并网检测一体化管理与涉网性能评估系统构架如图8-1所示。

由图8-1可知，分散式风电多源数据库是实现并网检测管理和涉网性能评估的基础。分散式风电多源数据库包括风光资源数据、运行数据、基础信息数据和现场试验数据，每种来源数据都存在数据质量问题，如何将存在问题的原始数据进行修正，并最终整合为一个统一的数据库是构建分散式风电多源数据库的关键。分散式风电并网检测一体化管理包含涉网试验启动、试验收资、现场试验、试验报告编写、试验报告审核、涉网性能整改和统计分析等过程，并且分散式风电并网检测一体化管理能对分散式风电并网检测情况进行统计和分析。分散式风电涉网性能评估是基于运行数据、试验数据等多源数据对分散式风电场站涉网特性进行综合的评估，评估关键在于提出一套评价指标体系、评价指标的确定方法和综合评估方法。

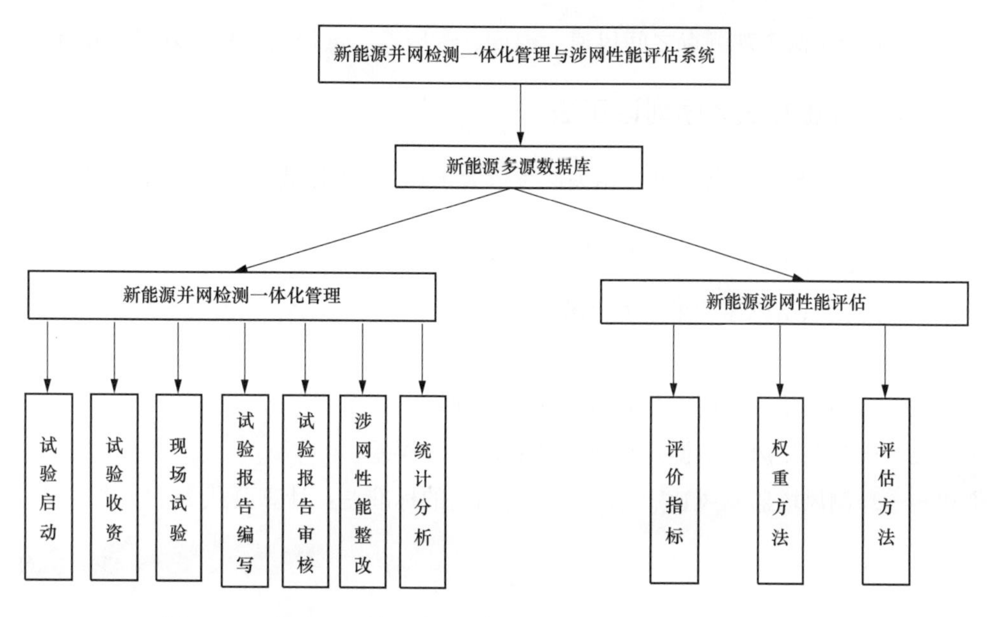

图 8-1　分散式风电并网检测一体化管理与涉网性能评估系统架构

8.2　分散式风电数据校核与订正方法

分散式风电数据校核与订正是建立数据库的基础。数据分为一级数据和二级数据。一级数据为原始监测数据，二级数据为基于一级数据的订正数据。风电场运行数据未通过完整性检查、范围检查、一致性检查和相关性检查，需进行数据订正。

分散式风电数据订正的基本原则：若低时间分辨率的数据错误或缺测，而高时间分辨率数据正常，则通过高分辨率数据对低分辨率数据进行订正。若测风塔某一层测风数据缺测或错误，利用相邻风层数据，采用廓线法进行订正。若测风塔多层风速或样板风机机头风速缺测或错误，则利用机头风速或测风塔的风速数据，依据样本多少、相关性等情况适用订正方法。

8.2.1　订正方法 1 相关线性法

取观测点 A 和观测点 B 的有效数据进行相关分析，当相关性系数大于 0.8 时，可用线性方程

$$y = ax + b \tag{8-1}$$

式中　a、b——经验系数；

x、y——观测点 A 和观测点 B 的观测值。

将观测点 A 某个时次的观测值代入式（8-1），可计算观测点 B 对应的值。观测点 A 和观测点 B 可代表测风塔、机头风速、气象站或物理模拟数据。

本方法适用于两个观测点之间风速、温度、气压等变量相关关系较好时的相互订正。

8.2.2 订正方法 2 序列订正法

若参照站风速与监测点的风速相关性系数大于 0.8，可用式（8-2）进行订正

$$v'_{2,i} = \overline{v}_2 + \Delta + \frac{\sigma_1}{\sigma_2}(v_{2,i} - \overline{v}_2) \tag{8-2}$$

式中 $v_{2,i}$——参照站风速的第 i 条记录；

$v'_{2,i}$——订正后风速；

$\overline{v}_2$——参照站风速所在年份的年平均风速；

Δ——参照站风速对测风塔观测资料的平均误差；

σ_1 和 σ_2——测风塔监测风速和参照站风速同期的标准差，计算公式为

$$\sigma = \sqrt{\frac{1}{n}\sum_{i=1}^{n}(v_i - \overline{v})^2} \tag{8-3}$$

本方法适用于两个观测点之间风速相关关系较好、样本较少时的相互订正，为方法 1 的特殊情况。

8.2.3 订正方法 3 区域数据逐步订正法

先给定再分析数据场，然后用实际观测场逐步修正再分析数据场，直到订正后的场逼近观测记录为止

$$\alpha' = \alpha_0 + \Delta\alpha_{ij} \tag{8-4}$$

其中

$$\Delta\alpha_{ij} = \frac{\sum_{k=1}^{k}(W_{ijk}^2\,\Delta\alpha_k)}{\sum_{k=1}^{k}W_{ijk}} \tag{8-5}$$

$$W_{ijk} = \begin{cases} \dfrac{R^2 - d_{ijk}^2}{R^2 + d_{ijk}^2}, & d_{ijk} < R \\ 0, & d_{ijk} \geqslant R \end{cases} \tag{8-6}$$

式中 α——任意一气象要素，如风速 v、温度 t、气压 p 等；

α_0——变量 α 在格点（i，j）上的第一猜测值；

α'——变量 α 在格点（i，j）上的订正值；

$\Delta\alpha_k$——观测点 k 上的观测值与第一猜测值之差；

W_{ijk}——权重因子，在 0.0～1.0 变化；

k——影响半径 R 内的台站数；

R——影响半径，为常数；

d_{ijk}——格点（i，j）到观测点 k 的距离。

8.3　分散式风电涉网性能评估系统开发及实现

8.3.1　分散式风电涉网性能评估指标体系

1. 指标体系建立原则

指标体系由一系列能全面反映被评价对象本质属性或特征的指标构成，是对研究对象进行综合评价的基础和前提。指标体系构建具有明显的层次格局，首先需要确定反映系统顶层问题、宏观性能的指标，即核心指标。然后，通过对核心评价指标进一步分级细化，从而确定反映具体问题、微观性能的指标，即成分指标。建立风电运行性能指标体系时，既要尽可能全面地反映风电场运行性能及其对所接入地区电网运行特性的影响，同时，也要考虑数据的采集难度、计算量、指标的可比性等实际情况。因此，风电运行性能评价指标的选取应遵循以下原则。

（1）完备性。风电运行性能指标应能从各个角度全方位地反映风电运行性能，所构成的体系应是完备的，没有缺漏的。

（2）独立性。评价指标不仅应能够成完备的体系，还应互不重叠，相互独立。选取指标时，应最大程度削弱指标之间的相关性，选择相对独立的指标集合。

（3）实用性。选取评价指标时，还应考虑数据采集难度、指标计算量、指标可操作性和可比性。因此，应选择采集容易、计算简单、可操作性强和具有明显差异的指标。

（4）针对性。评价指标的选择应针对评价目标，突出重点，把握问题关键。因此，应选取针对性反映风电运行性能的典型指标。

2. 指标体系框架的构建

在遵循指标体系构建基本原则的基础上，本文结合风电运行性能的特点和评价的目的，构建了风电运行性能评价指标体系框架，如图 8-2 所示。由图 8-2 可知，评价指标体系包括自然特性、涉网特性、电能质量、充裕性和安全性等 5 个一级核心指标，有功控制能力、机组分布特性和运行均衡度等 18 个二级成分指标。

3. 评价指标的定义

（1）自然特性。自然特性指标反映风电场及其所在地区的自然属性，主要包括风电场所在地区风资源情况和风电场内部风电机组分布情况。

1）风资源特性指标。该指标反映了风电场所在地区风资源情况，指标值越大，表明风资源越好、越丰富。基于风能分区的标准，湍流强度能反映风速和风向在时间和空间上的迅速扰动和不规律性，风功率密度能反映风资源的丰富程度，有效风出现概率能反映一年内风速出现在有效风速区间内的概率。综合考虑风资源的湍流强度、风功率密度、年有效风出现概率对风资源特性指标（W）进行量化评估，即

$$W=\sqrt{\frac{i^2+d^2+p^2}{3}} \tag{8-7}$$

式中　i、d、p——湍流强度、风功率密度、年有效风出现概率的标准化值。

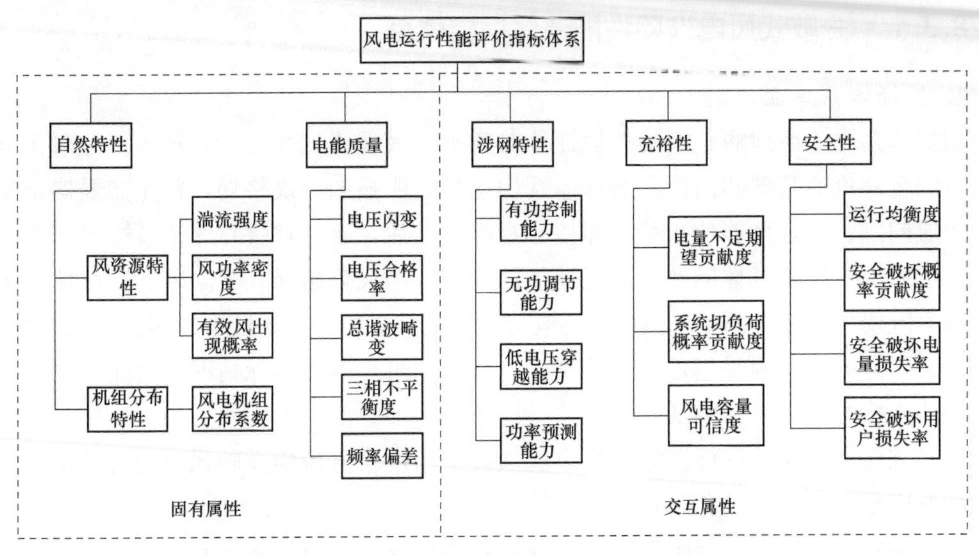

图 8-2　风电运行性能评价指标体系框架

2）风电机组分布特性指标。风电机组分布特性采用分布系数来描述，指标反映了风电场内机组位置分布情况，指标取值区间为［0，1］，指标值越接近 1 表明机组分布越合理，反之越不合理。该指标计算方法为首先基于各机组年发电量和年停机时间计算机组理想发电量 W_{id}；其次，选择理想发电量最大的机组作为参考机组，通过计算各机组相对参考机组发电量 W_{ref} 的比值确定各机组的位置系数 a_i；最后，获得场内所有机组位置系数的平均值即为风电场内机组分布系数 C_D，指标表达式为

$$C_D=\frac{1}{n}\sum_{i=1}^{n}a_i \tag{8-8}$$

其中

$$a_i=\frac{W_{id,i}}{W_{ref}}=\frac{W_{r,n}\cdot t/(t-t_{out,n})}{\max(W_{id,1},W_{id,2},\cdots,W_{id,n})} \tag{8-9}$$

式中　C_D——风电机组分布系数；

$W_{id,n}$、$W_{r,n}$——各机组理想发电量和年发电量；

$t_{out,n}$——各机组停机时间；

W_{ref}——参考机组理想发电量；

a_i——各机组相对于参考机组的位置系数；

t——时间，取 1 年，即 8760h。

（2）电能质量。指标反映风电场对电网电流/电压电能质量的影响情况。指标主要包括电压闪变、电压偏差、总谐波畸变率、频率偏差和三相不均衡度。

1）电压闪变指标。该指标反映了风电场引起的闪变现象情况，可通过电网背景长时间闪变值和风电并网后的闪变值计算得到

$$F_{1t2} = \sqrt[3]{F_{1t1}^3 - F_{1t0}^3} \tag{8-10}$$

式中 F_{1t2}——风电场单独引起的闪变值；

F_{1t0}——电网背景闪变值；

F_{1t1}——风电场并网后闪变值。

2）电压偏差指标。电压偏差指标反映了风电场输出电压的变化范围和电压合格情况，通过统计实际运行电压在电压偏差范围内累积运行的时间占总运行时间的比值得到。

3）总谐波畸变指标。总谐波畸变率反映了风电输出电流的畸变情况。指标值越大，说明畸变越严重。

4）频率偏差指标。频率偏差反映了风电场输出频率的稳定性。指标值越小，说明电网频率稳定性越高。

5）三相不平衡度指标。三相不平衡度指标反映风电输出三相电压不平衡情况的严重程度。指标值越大，不平衡越严重。

（3）涉网特性。涉网特性指标主要反映风电并网性能的优劣，该指标直接反映了风电场参与电网调节与控制的能力，对电网的稳定运行有重要影响。涉网特性指标主要包括有功控制能力指标、无功调节能力指标、低电压穿越能力指标和功率预测能力指标。

1）有功控制能力指标。该指标是指风电场调节有功功率输出，参与电力系统调频、调峰和备用的能力。风电场有功功率调节能力可通过有功功率控制响应时间、有功功率稳态偏差、1min 和 10min 最大有功功率变化率等指标来量化评估。

2）无功调节能力指标。该指标是指风电场对并网点电压的调节能力，反映了风电场的无功支撑能力。该指标可通过无功调节响应时间、稳态电压偏差和最大容性/感性无功系数等来量化评估。

3）低电压穿越能力指标。该指标反映了风电并网点电压值跌落时，风电场不脱离电网仍能保证继续正常运行的能力。低电压穿越能力是风电场涉网性能中的一个重要指标，可通过不脱网运行时间、电压恢复时间、有功恢复能力等来量化评估。

4）功率预测能力指标。该指标是指风电场基于输出功率预测模型，以风速、天气或功率等数据作为输入，预测风电场未来有功功率的能力。基于针对性和典型性，本文仅选取每 15min 风电场上报超短期预测第 4h 预测值的均方根误差作为指标量化评估内容。

（4）充裕性。充裕性指标反映了系统能否充分满足用户的负荷需求和系统运行约束条件。该指标包括发电不足概率贡献度指标、发电不足期望贡献度指标、风电场容量可信度指标。

1）发电不足概率贡献度指标。该指标反映了风电接入对于降低系统发电不足概率的贡献程度，直接反映了风电接入对系统切负荷的影响。本文基于分级模型，采用蒙特卡罗抽样对指标进行计算：首先基于历史负荷数据，对负荷水平进行分级；其次分别在各

级负荷情况下进行蒙特卡罗抽样，统计各负荷等级下发电不足概率 P_k 表达式为

$$P_k = \frac{n_k}{N_k} = \frac{n_{(P_{w,t}+C_g)<L_k}}{N_k} \tag{8-11}$$

式中 n_k——第 k 级负荷下抽样数据中发电量不能满足负荷需求的抽样点数；

N_k——第 k 级负荷蒙特卡罗抽样次数。

将各级发电不足概率与多级负荷模型结合，计算得到系统年发电不足期望值。最后获得风电对系统发电不足概率贡献度指标为

$$P_{\mathrm{LOLP}} = \sum_{k=1}^{k} \frac{P_k \cdot t_k}{T} \tag{8-12}$$

$$B_{\mathrm{LOLP}} = P_{\mathrm{LOLP},0} - P_{\mathrm{LOLP},1} \tag{8-13}$$

式中 $P_{\mathrm{LOLP},0}$、$P_{\mathrm{LOLP},1}$——风电接入前、后年发电不足概率；

B_{LOLP}——发电不足概率贡献度指标；

k——负荷水平分级数；

t_k——第 k 级负荷水平持续时间；

T——为统计时段内的总时间。

2）发电不足期望贡献度指标。该指标反映了风电场接入对于降低系统发电量不足期望值的贡献程度，体现了风电对电网充裕度的贡献情况。基于负荷水平分级数 k 和抽样数据，对应的第 k 级负荷水平第 n 次抽样的发电功率不足值 $P_{\mathrm{LNE},k,n}$ 为

$$P_{\mathrm{LNE},k,n} = \max(0, L_k - C_g - P_{w,t}) \tag{8-14}$$

式中 L_k——第 k 级负荷需求量；

C_g——常规机组容量；

$P_{w,t}$——风电该时刻的功率。

将抽样点发电不足与多级负荷模型结合，计算发电量不足期望值为

$$S_{\mathrm{LOEE}} = \sum_{k=1}^{k} \left(\frac{t_k}{N} \sum_{n=1}^{N_k} P_{\mathrm{LNE},k,n}\right) \tag{8-15}$$

最后计算风电对系统发电不足期望贡献度指标为

$$B_{\mathrm{LOEE}} = S_{\mathrm{LOEE},0} - S_{\mathrm{LOEE},1} \tag{8-16}$$

式中 $S_{\mathrm{LOEE},0}$、$S_{\mathrm{LOEE},1}$——风电接入前、后系统发电不足期望值；

B_{LOEE}——发电不足期望贡献度指标。

3）电风场容量可信度指标。该指标反映了风电容量可以被信任的程度，是指在一定置信度下系统保证功率的增加量占风电装机容量的比例。指标值越大，则风电场对系统充裕度贡献越大，指标定义为

$$C_{\mathrm{C}} = (X_2 - X_1)/S_{\mathrm{W}} \tag{8-17}$$

$$X_1 = \arg\max\{X \mid P(C_g > X) > \alpha\}$$

$$X_2 = \arg\max\{X \mid P[(P_{w,t} + C_g) > X] > \alpha\}$$

式中 X_1、X_2——风电接入前、后电力系统的保证功率；

α——置信度，一般设置为95%；

$P_{w,t}$——风电场t时刻功率；

C_g——常规机组容量。

（5）安全性。安全性指标主要反映风电接入电网后，系统对可能受到的动态和暂态扰动后保持稳定并继续向用户供电的能力。其主要包括运行均衡度指标、安全破坏概率贡献度指标、安全破坏电量损失率指标、安全破坏用户损失率指标。

1）运行均衡度指标。该指标反映了风电接入电网后对电网潮流分布影响情况，指标值越小，说明电网潮流分布越平均，安全性越高。指标表达式为

$$SE=\sum_{i=1}^{n}\left(H_i-\frac{\sum_{k=1}^{n}H_k}{n}\right)^2 \tag{8-18}$$

$$H_i=S_{Li}/S_{LNi}$$

式中 H_i——线路i的负载率；

S_{Li}、S_{LNi}——线路i的实际潮流和额定容量。

2）安全破坏概率贡献度指标。该指标反映了风电接入电网对系统安全的贡献程度，通过计算风电接入电网前后系统安全破坏概率的变化量得到。

3）安全破坏电量损失率指标。该指标是含风电的局部电网在安全破坏后，电网损失电量折算至电网总电量的比例，从电量损失的角度反映了电网安全性破坏造成后果的严重程度，计算式为

$$E_{SLR}=\frac{\sum_{i\in\varphi_{UGC}}S_i\times\mu_i\times T_i}{\sum_{j\in\varphi_{SC}}S_j\times\mu_j\times T_j} \tag{8-19}$$

式中 S_i、S_j——用户电网损失容量和用户总容量；

μ_i——用户等级因子；

T_i——第i个损失用户的停电持续时间；

T_j——第j个用户的正常供电时间；

φ_{UGC}——系统安全破坏受影响的用户集合；

φ_{SC}——系统用户集合。

4）安全破坏用户损失率指标。该指标是含风电的局部电网安全破坏后，电网损失的用户折算至电网总用户数量的比例，从用户损失的角度反映了电网安全性破坏造成后果的严重程度，定义为

$$E_{NLR}=\frac{\sum_{i\in\varphi_{UGC}}N_i\times\mu_i\times T_i}{\sum_{j\in\varphi_{SC}}N_j\times\mu_j\times T_j} \tag{8-20}$$

式中　N_i、N_j——电网损失用户数量和总用户数量；

T_i——第 i 个损失用户的停电持续时间；

T_j——第 j 个用户的正常供电时间。

8.3.2　基于矩估计理论赋权的集对分析模型

1. 多属性集对分析模型

集对分析是一种分析确定与不确定系统的方法，主要是对系统的同异反特性进行量化分析。相比模糊综合评价法和灰色关联评价法，集对分析对于信息随机、模糊导致的不确定性系统和信息缺失导致的不完全性灰色系统，具有更广的适用性和更好的评价能力。集对分析的核心思想就是从原象系统中抽象出同异反系统，对同异反系统进行辩证分析和数学处理。具体来说，集对分析就是将系统的确定性、不确定性及这两类关系的联系与转化作为研究的整体，将系统内相互关联的集合对子作为研究对象，将刻画集合对子的同一性、差异性和对立性的联系度函数作为研究工具，最终根据各系统方案与最优方案集的贴近度完成系统方案的评价和排序。实际操作上就是求解待评价方案和最优方案集的贴合度，贴合度越高，则方案越接近最优。

集对分析的基本步骤如下。

（1）确定决策矩阵 $\boldsymbol{R}$。确定与不确定系统的多属性决策可描述为 $\boldsymbol{W}=\{\boldsymbol{Q}, \boldsymbol{D}\}$，其中，$\boldsymbol{Q}$ 表示方案集合，$Q=\{Q_1, Q_2, \cdots, Q_m\}$，$\boldsymbol{Q}_m$ 表示第 m 个方案，$\boldsymbol{D}$ 表示标准化后的指标集合，$D=\{d_1, d_2, \cdots, d_n\}$，$d_n$ 表示第 n 个指标。确定方案集对各评价指标的决策矩阵 $\boldsymbol{R}=(r_{ij})_{m\times n}$，其中 $r_{ij}=d_{ij}$，具体表达式为

$$\boldsymbol{R}=\begin{bmatrix} r_{11} & r_{12} & \cdots & r_{1n} \\ r_{21} & r_{22} & \cdots & r_{2n} \\ \vdots & \vdots & \cdots & \vdots \\ r_{m1} & r_{m2} & \cdots & r_{mn} \end{bmatrix} \tag{8-21}$$

（2）确定比较矩阵 $\boldsymbol{C}$。根据指标类型的不同，确定各个指标的最优值和最劣值，构成最优方案集 $\boldsymbol{U}$ 和最劣方案集 $\boldsymbol{V}$。

对于逆向型指标

$$u_j=\min_{1<i<m} r_{ij}, v_j=\max_{1<i<m} r_{ij}$$

对于正向型指标

$$u_j=\max_{1<i<m} r_{ij}, v_j=\min_{1<i<m} r_{ij}$$

对于中间型指标

$$u_j=r_{sj}, v_j=r_{sj}\pm\max_{1<i<m}|r_{ij}-r_{sj}|$$

式中　r_{sj}——指标公认最优值或计算最优值。

当 $r_{ij}<r_{sj}$ 时，取减号；当 $r_{ij}>r_{sj}$ 时，取加号。

最优最劣方案集构成方案的比较矩阵 $\boldsymbol{C}$ 为

$$\boldsymbol{C}=[\boldsymbol{U};\boldsymbol{V}]=\begin{bmatrix}u_1 & u_2 & \cdots & u_n\\ v_1 & v_2 & \cdots & v_n\end{bmatrix} \tag{8-22}$$

(3) 确定评价指标的同异反联系度 μ_{ij}。联系度函数 μ 是分析集对同一性、差异性、对立性的数学工具，其定义为

$$\mu=a+b\cdot i+c\cdot j \tag{8-23}$$

$$a+b+c=1$$

式中 a、b、c——集对的统一度、差异度、对立度；

i、j——差异度和对立度标记符号或系数。

将决策矩阵 $\boldsymbol{R}$ 与比较矩阵中 $\boldsymbol{C}$ 的元素分别构成集对，即将各个指标与其最优最劣值构成集对，那么集对的同一度和对立度可根据评价指标与最优最劣值的接近程度计算得到。对于正向型指标，集对的同一度 a_{ij}，差异度 b_{ij}，对立度 c_{ij} 定义为

$$\begin{cases}a_{ij}=\dfrac{r_{ij}}{u_j+v_j}\\ c_{ij}=\dfrac{r_{ij}^{-1}}{u_j^{-1}+v_j^{-1}}=\dfrac{u_jv_j}{(u_j+v_j)r_{ij}}\\ b_{ij}=1-a_{ij}-c_{ij}=\dfrac{(u_j-r_{ij})(r_{ij}-v_j)}{(u_j+v_j)r_{ij}}\end{cases} \tag{8-24}$$

对于逆向型指标，集对的同一度 a_{ij}，差异度 b_{ij}，对立度 c_{ij} 定义为

$$\begin{cases}a_{ij}=\dfrac{r_{ij}^{-1}}{u_j^{-1}+v_j^{-1}}=\dfrac{u_jv_j}{(u_j+v_j)r_{ij}}\\ c_{ij}=\dfrac{r_{ij}}{u_j+v_j}\\ b_{ij}=1-a_{ij}-c_{ij}=\dfrac{(u_j-r_{ij})(r_{ij}-v_j)}{(u_j+v_j)r_{ij}}\end{cases} \tag{8-25}$$

对于中间型指标，若指标值小于最优值，即 $r_{ij}<u_j$ 时，指标按照正向型指标式（8-24）进行处理；若指标值大于最优值，即 $r_{ij}>u_j$ 时，指标按照逆向型指标式（8-25）进行处理。

可见正向型指标和逆向型指标的同一度和对立度互为对称，且具有相同的差异度，说明了集对联系度的对立统一。

各指标的同异反联系度可构成指标的同异反联系度矩阵 $\mu_{ij(m\times n)}$，表达式为

$$\mu_{ij(m\times n)}=\begin{bmatrix}a_{11}+b_{11}i+c_{11}j & a_{12}+b_{12}i+c_{12}j & \cdots & a_{1n}+b_{1n}i+c_{1n}j\\ a_{21}+b_{21}i+c_{21}j & a_{22}+b_{22}i+c_{22}j & \cdots & a_{2n}+b_{2n}i+c_{2n}j\\ \vdots & \vdots & \vdots & \vdots\\ a_{m1}+b_{m1}i+c_{m1}j & a_{m2}+b_{m2}i+c_{m2}j & \cdots & a_{mn}+b_{mn}i+c_{mn}j\end{bmatrix} \tag{8-26}$$

(4) 确定方案的同异反联系度矩阵 $\boldsymbol{\mu}$。结合指标权重 $W=\{w_1, w_2, \cdots, w_m\}$，将各方案 $\boldsymbol{Q}_i$ 与最优方案集 $\boldsymbol{U}$ 组合集对，计算其同异反联系度矩阵 $\boldsymbol{\mu}=[\mu_1, \mu_2, \cdots, \mu_m]^{\mathrm{T}}$，

表达式为

$$
\begin{aligned}
\mu &= \mu_{ij(m\times n)} g W^{\mathrm{T}} \\
&= \begin{bmatrix} a_{11}+b_{11}i+c_{11}j & a_{12}+b_{12}i+c_{12}j & \cdots & a_{1n}+b_{1n}i+c_{1n}j \\ a_{21}+b_{21}i+c_{21}j & a_{22}+b_{22}i+c_{22}j & \cdots & a_{2n}+b_{2n}i+c_{2n}j \\ \vdots & \vdots & \vdots & \vdots \\ a_{m1}+b_{m1}i+c_{m1}j & a_{m2}+b_{m2}i+c_{m2}j & \cdots & a_{mn}+b_{mn}i+c_{mn}j \end{bmatrix} \begin{bmatrix} \omega_1 \\ \omega_2 \\ \vdots \\ \omega_m \end{bmatrix} \\
&= [a_1+b_1i+c_1j \quad a_2+b_2i+c_2j \quad \cdots \quad a_m+b_mi+c_mj]^{\mathrm{T}}
\end{aligned} \tag{8-27}
$$

(5) 确定各方案相对于最优方案集的贴合度 M_{k} 和优劣排序。关联度矩阵从同异反角度反映了各方案与最优方案集的联系，为进一步用一个指标最终确定基于各方案与最优方案集的贴合程度，提取矩阵 μ 中的同一度 a_{k} 和对立度 c_{k}，定义贴合度为

$$M_{\mathrm{k}} = \frac{a_{\mathrm{k}}}{a_{\mathrm{k}}+c_{\mathrm{k}}} \tag{8-28}$$

贴合度越高，方案越贴近最优方案集，方案越好，这样就可确定最优的方案，并排列出方案的优劣次序。

2. 基于矩估计理论的最优组合赋权

评价指标权重的计算是集对分析的关键步骤，指标权重的选取是否科学合理，将直接影响分析结果的准确性。为使指标权重既能拥有主观赋权法的主观能动性，又能拥有客观赋权法的客观规律性，文章采用基于矩估计理论的最优组合赋权法计算评价指标的最优组合权重。

根据大数定理和统计理论，主观赋权和客观赋权方法趋于很多时，权重结果具有重复性且接近最优。因此，可采用 q 种赋权方法参与评价指标的赋权，并将这 q 种赋权方法看作从赋权方法总体中抽取的样本，从而估计评价指标的最优权重。以各评价指标最优权重与主客观权重样本偏差最小为目标构建如式（8-29）所示的优化模型。

$$
\begin{cases}
\min H = \sum\limits_{j=1}^{m}\alpha_j \sum\limits_{s=1}^{1}(\omega_j-\omega_{sj})^2 + \sum\limits_{j=1}^{m}\beta_j \sum\limits_{b=1+1}^{q}(\omega_j-\omega_{bj})^2 \\
s.t.\ \sum\limits_{j=1}^{m}\omega_j = 1 \\
0 \leqslant \omega_j \leqslant 1, 1 \leqslant j \leqslant m
\end{cases} \tag{8-29}
$$

式中　ω_j——指标 j 的最优权重；

ω_{sj}、ω_{bj}——指标 j 的第 s 种主观赋权法和第 b 种客观赋权法计算得到的权重；

α_j、β_j——指标 j 主客观权重的相对重要系数。

根据矩估计理论的基本思想，可采用样本的均值估计总体的数学期望，可计算得到 ω_{sj} 和 ω_{bj} 的期望值为

$$
\begin{cases}
E(\omega_{sj}) = \dfrac{1}{1}\sum\limits_{s=1}^{1}\omega_{sj} \\
E(\omega_{bj}) = \dfrac{1}{q-1}\sum\limits_{b=1+1}^{q}\omega_{bj}
\end{cases}
\quad 1 \leqslant j \leqslant m \tag{8-30}
$$

将 α_j 和 β_j 看作主观权重重要系数总体和客观权重重要系数总体中分别抽取的样本，计算得到主客观权重重要系数

$$
\begin{cases}
\alpha = \dfrac{\sum\limits_{j=1}^{m}\alpha_j}{m} = \dfrac{\sum\limits_{j=1}^{m}E(\omega_{sj})/[E(\omega_{sj})+E(\omega_{bj})]}{m} \\
\beta = \dfrac{\sum\limits_{j=1}^{m}\beta_j}{m} = \dfrac{\sum\limits_{j=1}^{m}E(\omega_{bj})/[E(\omega_{sj})+E(\omega_{bj})]}{m}
\end{cases} \tag{8-31}
$$

因此，式（8-29）的优化模型可转化为式（8-32）的单目标最优化模型

$$
\begin{cases}
\min H = \sum\limits_{j=1}^{m}\alpha_j \sum\limits_{s=1}^{1}(\omega_j - \omega_{sj})^2 + \sum\limits_{j=1}^{m}\beta \sum\limits_{b=1+1}^{q}(\omega_j - \omega_{bj})^2 \\
s.t. \sum\limits_{j=1}^{m}\omega_j = 1 \\
0 \leqslant \omega_j \leqslant 1 \qquad (1 \leqslant j \leqslant m)
\end{cases} \tag{8-32}
$$

通过对式（8-32）进行求解，即可基于多个主客观赋权法的最优组合权重向量。

3. 基于矩估计赋权的风电场运行性能集对分析综合评估

将基于矩估计理论的最优主客观权重赋权方法与集对分析综合评价方法相结合，本文提出基于矩估计赋权的风电场运行性能集对分析综合评估方法，具体步骤如下。

（1）建立风电运行性能评价指标体系。

（2）确定各待评价风电场的每个评价指标属性值，标准化后组成评价决策矩阵 $\boldsymbol{R}$。

（3）采用多种主观权重计算方法和客观权重计算方法计算指标权重，基于矩估计理论确定评价指标的最优组合权重 $\boldsymbol{W}$。

（4）结合以上确定的最优组合权重，基于多属性集对分析法对各风电场的运行性能优劣进行评估和排序。

（5）基于矩估计赋权集对分析的风电场运行性能综合评估方法流程，如图 8-3 所示。

8.3.3 分散式风电并网检测一体化管理与涉网性能评估功能实现

1. 功能概述

分散式风电并网检测一体化管理与涉网性能评估系统是进行分散式风电现场试验管理和性能评估的重要平台，包括首页信息模块、并网检测总体概况模块、并网检测管理模块和系统配置模块。通过有效的统计、分析手段显示并网检测进展、现场试验过程管理，分析场站的涉网性能指标结果，并通过可视化进行上述功能的交互和展示。

2. 数据管理

数据管理系统由基础数据管理子系统和数据应用子系统组成。其中，基础数据管理子系统支持现状电网设备和规划设备的模型参数的统一管理，支持在界面上进行电网设备和模型参数的浏览、编辑；数据应用子系统支持按时间和地区统计与分析并网检测工作开展情况。

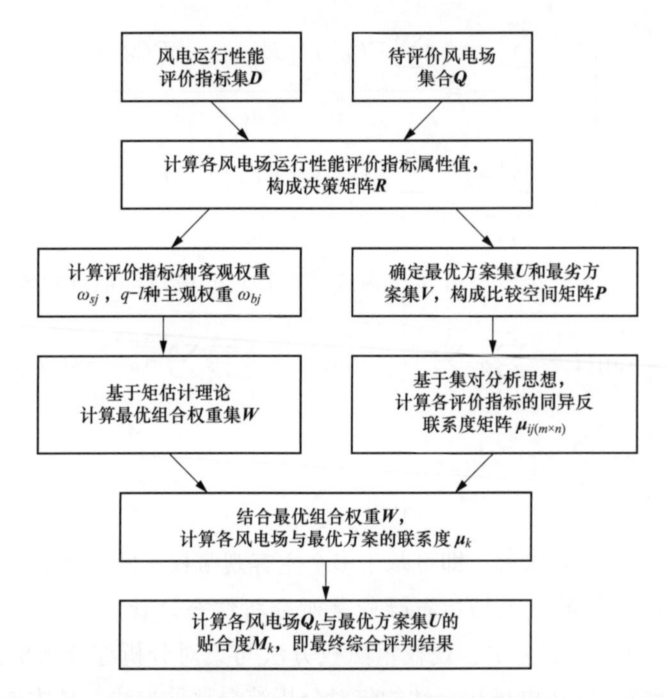

图 8-3　基于矩估计赋权集对分析的风电场运行性能综合评估方法流程

电网基础数据库作为数据管理的载体，包含资源数据库、运行数据库、现场试验数据库。

3. 数据组织

基础数据包括与电网计算相关的设备、控制系统模型、拓扑信息，以及相关的组织信息等。按照设备类型划分主要包括母线、交流线、容抗器、变压器、发电机、负荷、直流线等数据。电网设备涉及现状电网的所有发输变电设备，以及未来规划电网新增的发输变电设备。

为便于进行数据管理和维护，还包含对数据进行分类组织的信息，如方案、数据组、区域、分区、电压等级等。

4. 规划数据管理

除包含用于描述每类元件的必要属性外，每类元件还包含数据组 ID、投运时间和退运时间三个属性，可记录元件的投运时间和退出时间。

数据组包含状态属性，可记录数据组的状态，例如，运行数据组、规划数据组、批准的规划、未批准的规划。

5. 检修数据管理

系统提供了用户进行设备检修计划的设置。设置检修计划时，系统提供了可视化的设置环境，用户只需为待检修的设备指定检修时间，系统会自动将待检修的设备名、检修时间、检修状态记录到数据库中。

6. 元件参数维护

系统提供了对基础元件和模型参数的增加、删除、修改等功能。

除支持逐个设备或模型按照顺序逐一记录外，还构建了一系列方便快捷的数据录入方式，如按照方案进行数据导入、按照数据组进行数据导入、导入典型参数等，提高数据维护的效率。

7. 数据版本管理

系统提供了数据版本管理模块，通过对工程数据进行备份，记录数据的变化过程、发生变化的时间和修改人员，可恢复到工程数据的历史版本，保证工程数据的可追溯性。

数据版本管理模块提供版本管理参数设置、版本查询、版本建立、版本恢复、版本删除、文件变更记录功能。

8. 信息提取

通过查询设备投产退役时间，可方便地提取或统计某个年度或某个时间段设备投产情况；通过查询设备版本变化的信息，可提取每段时间用户修改设备参数的情况，为查找和分析电网特性的变化提供强有力的手段。

9. 数据检查校核

系统提供了对电网设备、模型和参数等数据的正确性和合理性进行校验和核准。校核的内容包括电网模型唯一性检验、模型参数合理性校核、电网拓扑结构校验等。

通过数据校核，可最大限度地减少错误发生。一般情况下，系统采用数据库约束机制对数据进行初查，不符合要求的数据无法进入数据库，该系统中，对数据完整性和有效性有影响的参数基本都实施了强制约束，以保证进入数据库的数据都具备合法性，如网络拓扑、名称的唯一性、记录之间的关联性、部分参数的非空性和合法性等；同时，系统预设了一些校核规则，比较参数的合理取值范围和参数之间的关系，如 500kV 线路的单位长度的电阻、电抗和对地电容，电阻与电抗（R/X）比值，变压器变比 T_k 的取值范围等。数据录入时，一旦发现不合格参数，程序就会自动警告，给出提示，但允许数据进入数据库。

10. 数据上传、下载

系统提供了数据上传、下载功能，便于实现与外系统的数据交换。系统提供了可视化的用户操作环境，支持用户对需要上传、下载的方案、数据组、作业等信息进行选择，实现部分数据的上传、下载。

11. 数据比对

系统提供了数据比对功能，支持系统内不同工程间的数据比对、系统内同一个工程内不同计算数据的比对、本地工程与系统内工程的数据比对。比对范围包括数据组、方案及作业等，比对完成后形成数据比对结果报表。比对内容包括网络结构、负荷发电量、元件模型、元件模型参数组及相关参数组内容。

12. 数据合并

系统提供了数据合并功能，支持系统内不同工程间的数据合并、本地工程与系统内工程的数据合并。合并前，系统自动对数据进行必要的检查，例如，基准容量、基准电压是否相同，若不相同则不进行合并，并给出提示。合并的过程包括删除、覆盖、追加等过程。

13. 报表功能

系统提供了通用的报表服务，实现了报表查询、统计、筛选等功能，报表输出支持 txt 格式和 excel 格式。用户可指定查看不同的报表内容，例如，数据比对报表、数据校核报表、参数信息报表等。

14. 日志管理

系统提供了日志管理功能。实现对用户操作进行记录，可根据记录对用户的操作过程和数据变化进行直观的追溯。日志包括系统日志和业务日志。记录用户在使用系统过程中执行添加、删除、修改等操作的日志，并提供日志查询、过滤的功能。系统日志主要记载系统软件运行的状况，日志记录下系统运行和用户操作产生的行为，并按照规范写入日志数据表中，维护人员可使用日志系统记录的信息分析系统错误原因，用户使用系统的情况，优化和改进系统。业务日志主要记录数据发生的变化、用户操作的轨迹和具体事件。

日志管理提供日志查询和日志分析功能。日志查询可提供查看元件数据、参数数据操作日志信息的功能、删除日志、导出日志到 Excel 和从 Excel 中导入日志的功能。日志分析提供对基础库、参数库、作业库的分析功能，可查看数据的变化情况，分析的结果只包含设备关键字及数据变化，其他无关信息可屏蔽。

15. 性能指标

运行分析系统在电网实际运行过程中的工作性能满足以下要求。

（1）能存储 5 年的 SCADA 原始运行数据。

（2）当磁盘容量小于 20%时，给出提示和告警。

（3）SCADA 原始数据导入数据库时间小于 5s。

（4）运行数据统计分析时间小于 10s。

（5）结果展示时间小于 1s。

（6）指定时间段统计时间至少能统计 5 天时间范围内所有时间断面数据。

（7）统计数据结果的准确率大于 95%。

8.3.4 系统开发情况

目前已基本完成了分散式风电并网检测一体化管理与涉网性能智能评估系统的开发工作，本章对系统功能和界面进行详细介绍。

1. 登录界面

为保证信息安全，分散式风电并网检测一体化管理与涉网性能智能评估系统部署在内网，分散式风电场站用户、地调管理人员、省公司专业管理处室、电力科学研究院现场试验人员和电力科学研究院专业管理人员通过设定的用户名、用户密码登录进入系统。不同的用户根据其职能和在并网管理系统中扮演的角色，在系统中具有不同的操作局限。分散式风电并网检测一体管理与涉网性能智能评估系统的登录界面如图 8-4 所示。

图 8-4　分散式风电并网检测一体化管理与涉网性能智能评估系统登录界面

2. 系统主界面

分散式风电并网检测一体化管理与涉网性能智能评估系统的主界面如图 8-5 所示。系统主要分为首页、总体概况、检测管理、智能评估和系统配置五个模块。首页模块将电网分散式风电总体情况通过图形的方式直观地展示出来；总体概况是对电网分散式风电并网检测的进度进行统计、分析与展示；检测管理模块是进行并网检测的全过程管理；智能评估是对分散式风电涉网性能进行量化评价；系统配置模块主要进行用户注册、权限管理和基础参数的配置。

3. 总体概况

分散式风电并网检测总体概况包括三个子模块：①总体概况表；②分散式风电并网检测进度概况；③分散式风电并网检测合同概况。

图 8-5　分散式风电并网检测一体化管理与涉网性能智能评估系统主界面

（1）总体概况表。总体概况子模块界面如图 8-6 所示。总体概况子模块主要对分散式风电并网检测总体情况进行整理简要展示。该子模块主要展示的信息包括各地区分散式风电场站的数目，已签订并网检测合同的分散式风电场站数、具备检测条件的分散式风电场站数，已完成并网检测的分散式风电场站数、正在开展的分散式风电场站数和未开展并网检测工作的分散式风电场站数，这些信息通过图标和图形的方式进行直观展示。

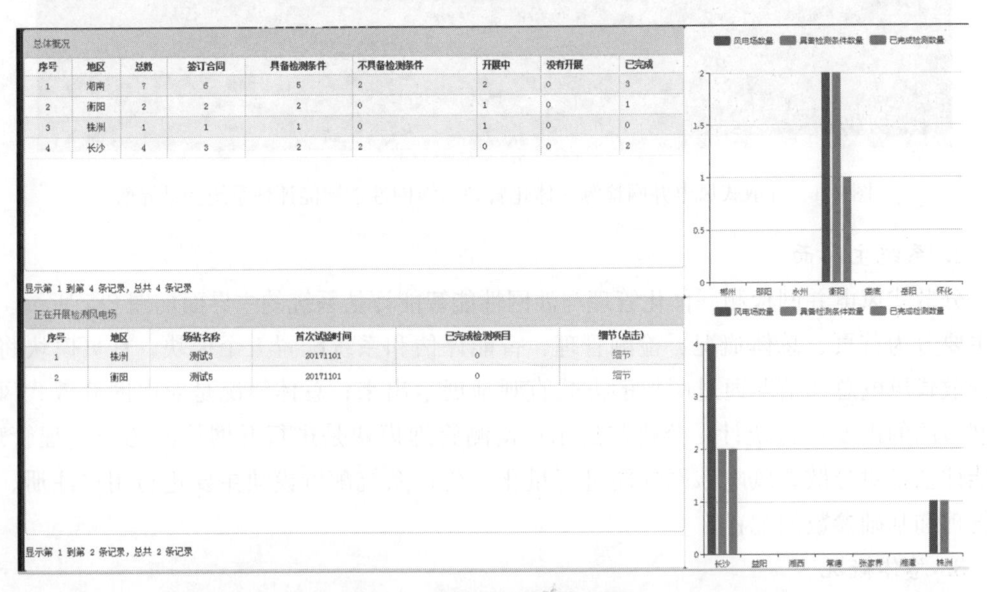
总体概况

序号	地区	总数	签订合同	具备检测条件	不具备检测条件	开展中	没有开展	已完成
1	湖南	7	6	5	2	2	0	3
2	衡阳	2	2	2	0	1	0	1
3	株洲	1	1	1	0	1	0	0
4	长沙	4	3	2	2	0	0	2

显示第 1 到第 4 条记录，总共 4 条记录

正在开展检测风电场

序号	地区	场站名称	首次试验时间	已完成检测项目	细节(点击)
1	株洲	测试3	20171101	0	细节
2	衡阳	测试5	20171101	0	细节

显示第 1 到第 2 条记录，总共 2 条记录

图 8-6　总体概况子模块界面

正在开展并网检测的分散式风电场站信息的子模块给出了各地区正在开展并网检测

的风电场、首次开展并网检测时间、已完成的测试项目等基本信息，通过单击“细节”按钮，可浏览该风电场并网检测流程的全过程信息。

（2）进度概况。进度概况子模块界面如图 8-7 所示。进度概况子模块对电网的分散式风电并网检测整体情况进行详细展示，可了解各个地市已完成了并网检测工作、正在开展并网检测工作的风电场信息，以及各个地市风电场并网检测完成的比例等信息。

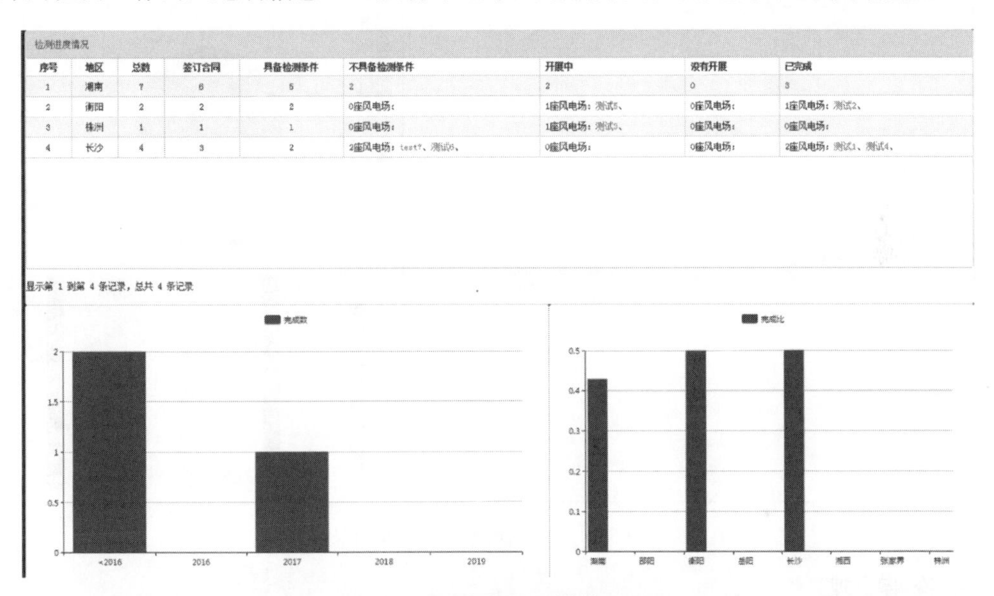

检测进度情况

序号	地区	总数	签订合同	具备检测条件	不具备检测条件	开展中	没有开展	已完成
1	湖南	7	6	5	2	2	0	3
2	衡阳	2	2	2	0座风电场：	1座风电场：测试5、	0座风电场：	1座风电场：测试2、
3	株洲	1	1	1	0座风电场：	1座风电场：测试3、	0座风电场：	0座风电场：
4	长沙	4	3	2	2座风电场：test7、测试6、	0座风电场：	0座风电场：	2座风电场：测试1、测试4、

显示第 1 到第 4 条记录，总共 4 条记录

图 8-7 进度概况子模块界面

单击各个风电场，可浏览该风电场基础信息和全过程并网检测信息（见图 8-8）。例如，风电场各个现场测试项目的时间、项目负责人、上传的项目报告、报告审核单位和审核时间等基础信息。

场站列表 返回

序号	场站名称	启动者	启动人电话	通知用户	场站容量	风机数量	风机类型	SVG容量	场站业主名称	场站状态	场站用户
1	测试2	work	13680894550	省调人员，地调人员；	10	10	1	10	张三	全部完成	test2

文件列表

序号	场站名称	文件名称	文件上传日期	文件上传用户
1	测试2	设计.vsd	2017-11-01 04:46:41	test2
2	测试2	install.log	2017-11-14 11:34:59	nari

项目列表

序号	场站名称	项目名称	项目状态	项目结果	开始时间	结束时间
1	测试2	电能质量	0	-	2017-11-13	2017-11-14
2	测试2	SVG性能	2	完成:成功	2017-11-13	2017-11-14
3	测试2	AVC性能	0	-	2017-11-13	2017-11-14
4	测试2	AGC性能	0	-	2017-11-13	2017-11-14

报告列表

序号	场站名称	报告名称	报告上传日期	报告上传用户	报告状态	报告审核者	报告审核意见	报告审核日期
1	测试2	设计.vsd	2017-11-01 04:58:21	检测负责人	审核通过	中国电科院	通过	2017-11-01 17:03:21

图 8-8 风电场基础信息和全过程并网检测信息

（3）合同管理。合同管理子模块主要对分散式风电并网检测合同签订情况进行整理并简要展示。通过合同管理子模块可直观了解风电检测合同在各个地市的分布，各个地市签订并网检测合同的数目。合同管理子模块界面如图 8-9 所示。

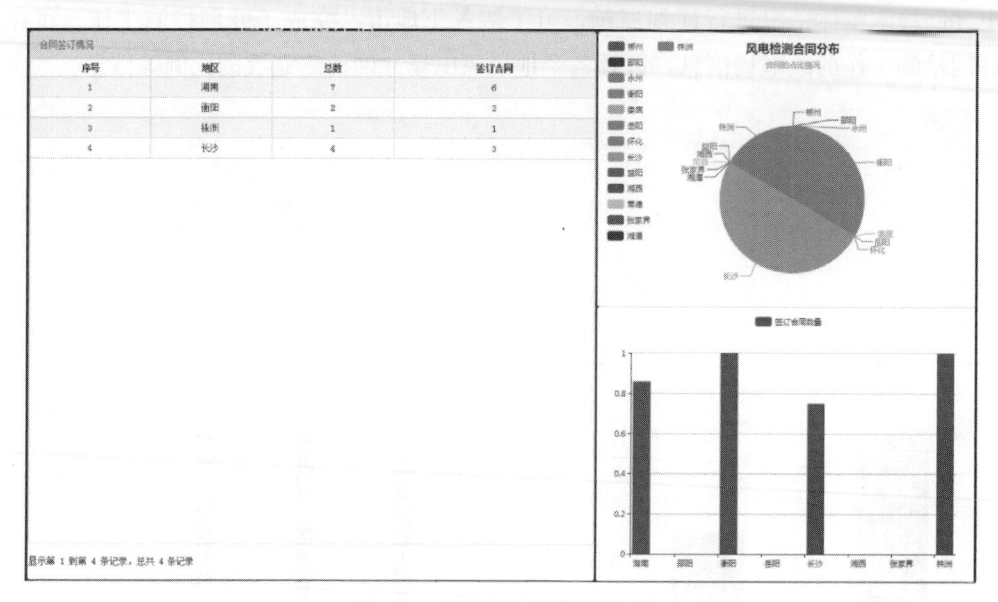

图 8-9　合同管理子模块界面

4. 检测管理

检测管理模块一共包括 11 个子模块，检测管理模块内容如图 8-10 所示。

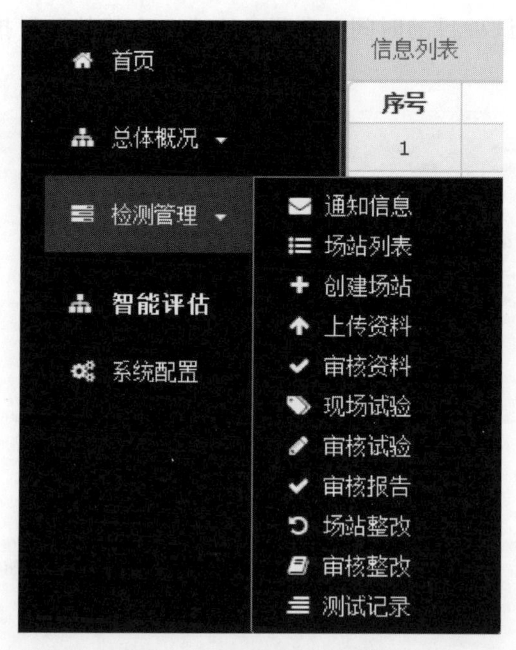

图 8-10　检测管理模块内容

（1）通知信息子模块。通知信息子模块主要是分散式风电场站并网检测工作人员在检测过程中，向地调、分散式风电场站下发的相关工作任务单，通知信息模块内容如图 8-11 所示。

信息列表

序号	通知用户	通知时间	接收用户	通知内容	通知状态
1	中国电科院	2017-11-01 17:07:39	省调人员	新增‘请问’任务成功!2017-11-01 05:07:21 开始试验.	已读
2	中国电科院	2017-11-01 17:07:39	地调人员	新增‘请问’任务成功!2017-11-01 05:07:21 开始试验.	已读
3	nari	2017-11-14 16:18:29	省调人员	新增‘AGCSVG’任务成功!2017-11-14 04:18:10 开始试验.	未读
4	nari	2017-11-14 16:18:29	地调人员	新增‘AGCSVG’任务成功!2017-11-14 04:18:10 开始试验.	未读
5	nari	2017-11-14 16:25:16	省调人员	新增‘电能’任务成功!2017-11-14 04:24:57 开始试验.	未读
6	nari	2017-11-14 16:25:16	地调人员	新增‘电能’任务成功!2017-11-14 04:24:57 开始试验.	未读
7	work	2017-11-01 16:43:43	省调人员	创建‘测试2’场站成功!请上传资料	已读
8	work	2017-11-01 16:43:43	地调人员	创建‘测试2’场站成功!请上传资料	已读
9	test2	2017-11-01 16:49:29	省调人员	新增‘试验电能质量、svg性能’任务成功!2017-11-01 04:48:16 开始试验.	已读
10	test2	2017-11-01 16:49:29	地调人员	新增‘试验电能质量、svg性能’任务成功!2017-11-01 04:48:16 开始试验.	已读
11	nari	2017-11-02 15:49:28	省调人员	创建‘测试3’场站成功!请上传资料	已读
12	nari	2017-11-02 15:49:28	地调人员	创建‘测试3’场站成功!请上传资料	已读
13	nari	2017-11-02 16:54:42	地调人员	创建‘测试4’场站成功!请上传资料	已读
14	nari	2017-11-14 17:07:18	省调人员	创建‘test7’场站成功!请上传资料	未读
15	nari	2017-11-11 10:16:05	省调人员	创建‘测试5’场站成功!请上传资料	未读
16	nari	2017-11-11 10:16:05	地调人员	创建‘测试5’场站成功!请上传资料	未读
17	nari	2017-11-14 11:37:48	省调人员	创建‘测试6’场站成功!请上传资料	未读
18	nari	2017-11-14 14:43:18	省调人员	新增‘测试’任务成功!2017-11-14 02:43:03 开始试验.	未读
19	nari	2017-11-14 14:43:18	地调人员	新增‘测试’任务成功!2017-11-14 02:43:03 开始试验.	未读

显示第 1 到第 19 条记录，总共 19 条记录

图 8-11　通知信息模块内容

（2）场站列表子模块（见图 8-12）。场站列表子模块给出全省所有风电场基础信息和并网检测基础信息。通过该子模块可增加或删除新并网风电场信息，并且通过该子模块，可直接浏览所有用户的操作记录。

场站列表

+ −

序号	合同签订	地区	场站名称	启动者	启动人电话	通知用户	场站容量	风机数量	风机类型	SVG容量	场站业主名称	场站状态	场站审核意见	场站审核人	场站用户
1	已签订	长沙	测试1	nari	15302722321	省调人员;地调人员;	10	10	123	10	刘三	全部完成	资料正确	nari	test1
2	已签订	衡阳	测试2	work	13680894550	省调人员;地调人员;	10	10	1	10	张三	全部完成	通过	test2	test2
3	已签订	株洲	测试3	nari	13680894550	省调人员;地调人员;	-	-	-	-	-	试验中	-	-	test3
4	已签订	长沙	测试4	nari	15308974567	地调人员;	20	20	20	20	张三	全部完成	确认	nari	test4
5	未签订	长沙	test7	nari	15308974567	省调人员;	-	-	-	-	-	待上传资料	-	-	test7
6	已签订	衡阳	测试5	nari	13680894550	省调人员;地调人员;	-	-	-	-	-	试验中	确认	nari	test5
7	已签订	长沙	测试6	nari	15302734567	省调人员;	30	10	1	1	11	待审核	-	-	test6

操作记录

100%

序号	场站名称	操作用户	操作时间	操作类型	备注
1	测试1	work	2017-11-01 17:14:44	审核整改	sad
2	测试1	中国电科院	2017-11-01 17:13:25	审核整改	方法
3	测试1	中国电科院	2017-11-01 17:12:16	审核整改	[illegible]枫
4	测试1	中国电科院	2017-11-01 17:09:21	审核整改	sa个
5	测试1	中国电科院	2017-11-01 17:08:53	场站整改	56
6	测试1	中国电科院	2017-11-01 17:07:52	审核试验	vdg
7	测试1	中国电科院	2017-11-01 17:07:40	创建试验	新增任务
8	测试1	中国电科院	2017-11-01 17:06:31	审核整改	通过

显示第 1 到第 22 条记录，总共 22 条记录 每页显示 24 ▲ 条记录

图 8-12　场站列表子模块

（3）资料上传子模块（见图 8-13）。资料上传子模块主要用于资料收资。风电场站用

户通过该子模块可上传并网检测所需资料，并网检测用户通过该模块可进行资料收资。同时，该子模块可详细显示资料收资的全过程信息，以及收资上传时间、收资状态等信息。

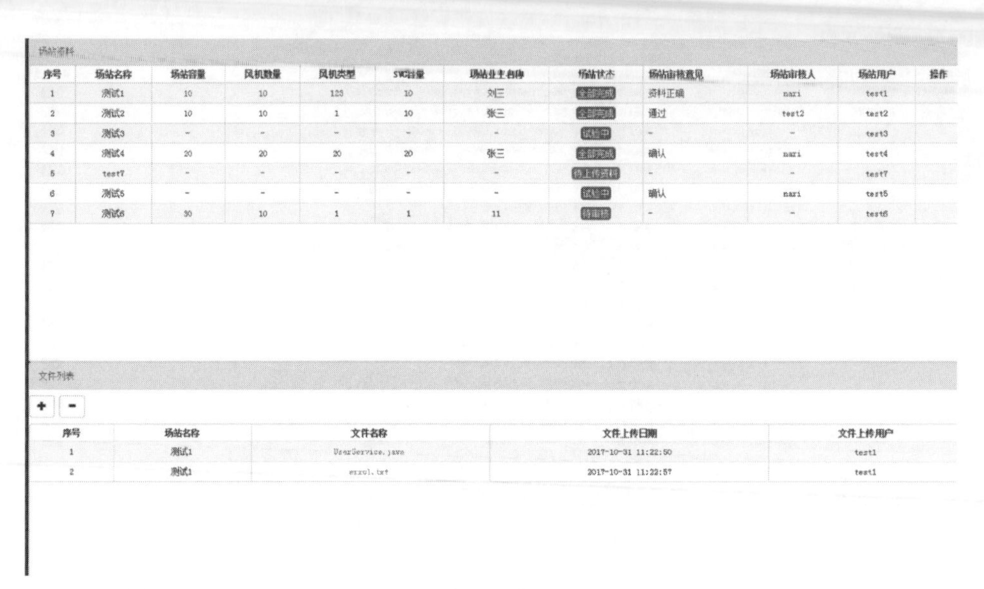

图 8-13　资料上传子模块

（4）审核资料子模块（见图 8-14）。审核资料子模块主要用于资料的审核。并网检测工作人员根据分散式风电场站上传上面的资料，进行综合审核，审核资料是否齐全，并根据审核结果下发相关任务。

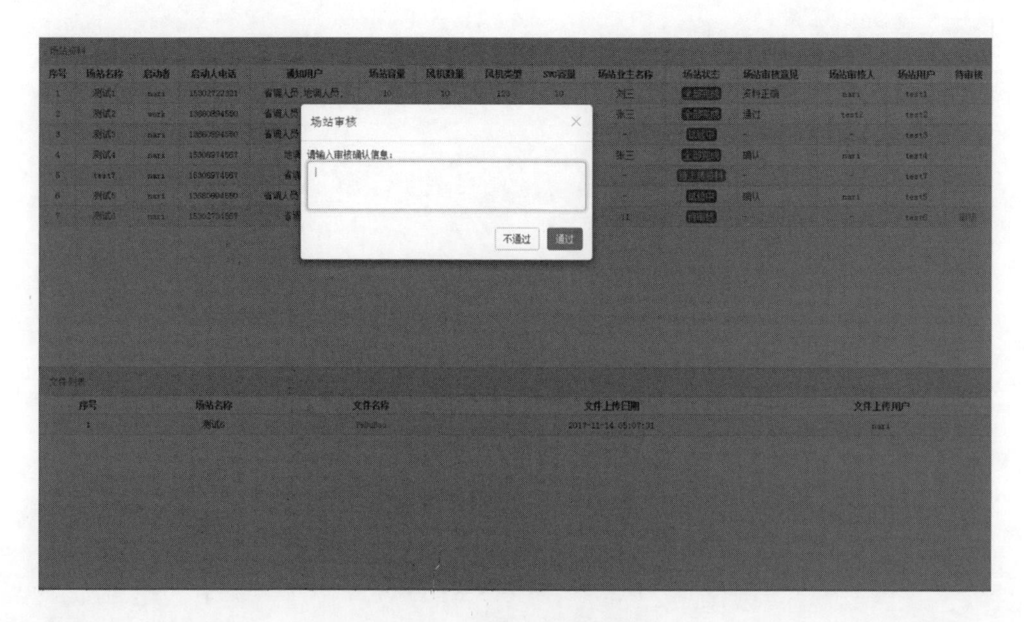

图 8-14　审核资料子模块

（5）现场试验子模块（见图 8-15）。现场试验子模块主要用于工作人员创建分散式风电场站现场试验任务。该模块包括试验内容、试验计划时间、试验责任人和工作人员。完成现场试验工作后，试验工作人员填报进展情况。

图 8-15 现场试验子模块

（6）审核试验子模块（见图 8-16）。审核试验子模块主要用于管理人员对试验任务进行审核。

审核试验列表

待审核 审核通过 任务完成 审核不通过 全部 搜索

序号	场站名称	试验主题	试验内容	试验计划时间	试验负责人	试验人员	试验状态	试验创建者	试验通知人员	试验结论	试验审核人	试验审核日期	试验审核意见	审核操作
1	测试1	请问	AVC性能;	2017-11-01 05:07:21	检测负责人	省调人员;地调人员;		中国电科院	省调人员;地调人员;	整改:斯蒂芬;	中国电科院	2017-11-01 17:07:52	vdg	
2	测试4	AGCSVG	AGC性能;SVG性能;	2017-11-14 04:18:10	检测负责人	省调人员;地调人员;		nari	省调人员;地调人员;	完成:确认;完成:qr;	nari	2017-11-14 16:19:05	确认	
3	测试4	电能	电能质量;AVC性能;	2017-11-14 04:24:57	检测负责人	省调人员;地调人员;		nari	省调人员;地调人员;	完成:企鹅;完成:请问;	nari	2017-11-14 16:25:31	确认	
4	测试1	电能质量	电能质量;	2017-10-31 11:24:05	检测负责人	地调人员;		nari	省调人员;	完成:测试OK;	检测负责人	-	执行	
5	测试1	SVG,AGC	SVG性能;AVC性能;	2017-10-31 11:40:48	检测负责人	-		nari	-	完成:测试OK,整改:现场不具备;	nari	-	执行	
6	测试1	AGC	AGC性能;	2017-10-31 05:11:16	检测负责人	-		nari	-	整改:xs;	nari	-	ss	
7	测试2	试验电能质量、svg性能	SVG性能;	2017-11-01 04:48:16	检测负责人	省调人员;		test2	省调人员;地调人员;	完成:成功;	检测负责人	2017-11-01 16:57:16	通过	
8	测试5	测试	AGC性能;	2017-11-14 02:43:03	检测负责人	省调人员;地调人员;		nari	省调人员;地调人员;	-	nari	2017-11-14 14:55:46	确认	

显示第 1 到第 8 条记录，总共 8 条记录

图 8-16 审核试验子模块

（7）审核报告子模块（见图 8-17）。审核报告子模块主要用于分散式风电场站试验报告的审核。根据并网检测工作人员提交的现场试验报告，审核单位对报告进行审核，并将审核结论提交给现场检测人员和报告编写人员，编写人员根据审核意见对报告进行修改，修改完成后再次提交给审核者。如此反复，直到并网检测报告满足要求。

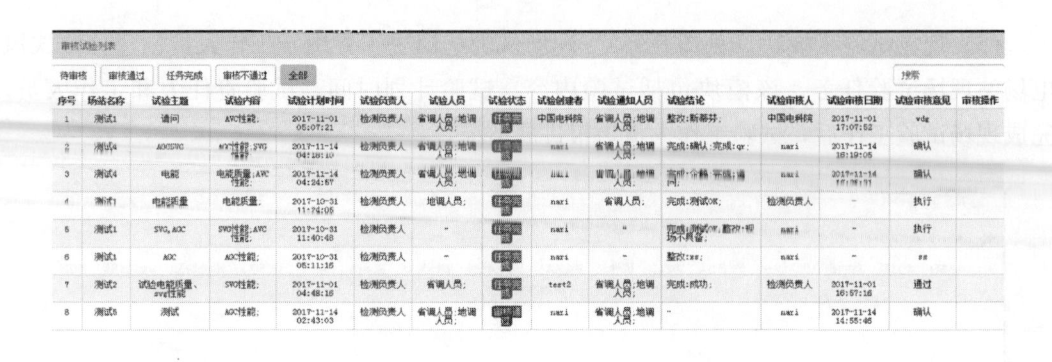

审核试验列表

待审核 | 审核通过 | 任务完成 | 审核不通过 | 全部 | 搜索

序号	场站名称	试验主题	试验内容	试验计划时间	试验负责人	试验人员	试验状态	试验创建者	试验通知人员	试验结论	试验审核人	试验审核日期	试验审核意见	审核操作
1	测试1	请问	AVC性能;	2017-11-01 05:07:21	检测负责人	省调人员;地调人员;	[illegible]	中国电科院	省调人员;地调人员;	整改:斯蒂芬;	中国电科院	2017-11-01 17:07:52	vdg	
2	测试4	AGCSVG	AGC性能;SVG性能;	2017-11-14 04:18:10	检测负责人	省调人员;地调人员;	[illegible]	nari	省调人员;地调人员;	完成:确认;完成:qr;	nari	2017-11-14 16:19:05	确认	
3	测试4	电能	电能质量;AVC性能;	2017-11-14 04:24:57	检测负责人	省调人员;地调人员;	[illegible]	nari	省调人员;地调人员;	[illegible]	nari	2017-11-14 [illegible]	确认	
4	测试1	电能质量	电能质量;	2017-10-31 11:24:05	检测负责人	地调人员;	[illegible]	nari	省调人员;	完成:测试OK;	检测负责人	-	执行	
5	测试1	SVG,AGC	SVG性能;AVC性能;	2017-10-31 11:40:48	检测负责人	-	[illegible]	nari	-	完成:测试OK;整改:现场不具备;	nari	-	执行	
6	测试1	AGC	AGC性能;	2017-10-31 05:11:15	检测负责人	-	[illegible]	nari	-	整改:xs;	nari	-	ss	
7	测试2	试验电能质量、svg性能	SVG性能;	2017-11-01 04:48:15	检测负责人	省调人员;	[illegible]	test2	省调人员;地调人员;	完成:成功;	检测负责人	2017-11-01 16:57:16	通过	
8	测试5	测试	AGC性能;	2017-11-14 02:43:03	检测负责人	省调人员;地调人员;	[illegible]	nari	省调人员;地调人员;	-	nari	2017-11-14 14:55:46	确认	

显示第 1 到第 8 条记录，总共 8 条记录

图 8-17 审核报告子模块

（8）场站整改和审核整改子模块（见图 8-18）。场站整改和审核整改子模块主要功能是进行新能源场站涉网性能的整改管理。分散式风电场站根据并网检测报告，组织相关的设备厂家对场站相关性能进行整改，整改完成后向并网检测人员提交再次检测校核的申请。并网检测人员进行复检结果，进行涉网性能的再次评价。

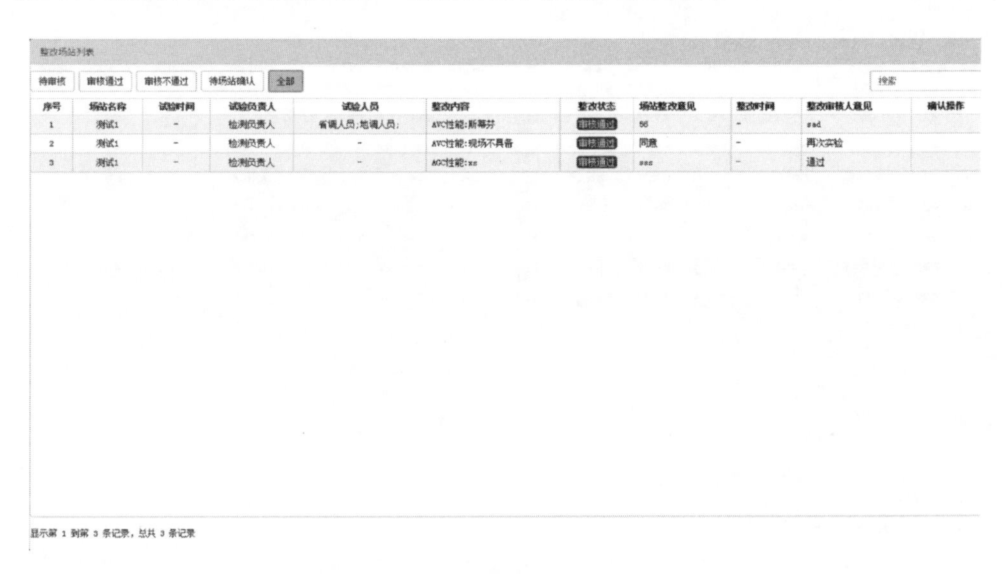

整改场站列表

待审核 | 审核通过 | 审核不通过 | 待场站确认 | 全部 | 搜索

序号	场站名称	试验时间	试验负责人	试验人员	整改内容	整改状态	场站整改意见	整改时间	整改审核人意见	确认操作
1	测试1	-	检测负责人	省调人员;地调人员;	AVC性能:斯蒂芬	审核通过	56	-	sad	
2	测试1	-	检测负责人	-	AVC性能:现场不具备	审核通过	同意	-	再次实验	
3	测试1	-	检测负责人	-	AGC性能:xs	审核通过	sss	-	通过	

显示第 1 到第 3 条记录，总共 3 条记录

图 8-18 场站整改和审核整改子模块

（9）测试记录子模块。测试记录子模块如图 8-19 所示。通过该模块，并网检测管理人员可了解分散式风电场站的每个试验项目的时间节点、试验内容。

用户操作列表

搜索

序号	场站名称	操作用户	操作时间	操作类型	备注
1	测试6	nari	2017-11-14 17:09:37	上传资料	提交审核
2	test7	nari	2017-11-14 17:07:02	创建场站	创建场站
3	测试4	nari	2017-11-14 16:27:40	审核报告	确认
4	测试4	nari	2017-11-14 16:27:21	创建试验	上传文件
5	测试4	nari	2017-11-14 16:25:31	审核试验	确认
6	测试4	nari	2017-11-14 16:25:17	创建试验	新增任务
7	测试4	nari	2017-11-14 16:19:05	审核试验	确认
8	测试4	nari	2017-11-14 16:18:30	创建试验	新增任务
9	测试4	nari	2017-11-14 16:08:17	审核资料	审核通过:确认
10	测试4	nari	2017-11-14 16:03:55	上传资料	提交审核
11	测试4	nari	2017-11-14 15:26:42	审核资料	审核通过:确认
12	测试4	nari	2017-11-14 15:25:51	上传资料	提交审核
13	测试4	nari	2017-11-14 15:23:28	上传资料	提交审核
14	测试4	nari	2017-11-14 15:20:56	上传资料	提交审核
15	测试4	nari	2017-11-14 15:07:02	上传资料	提交审核
16	测试5	nari	2017-11-14 14:55:47	审核试验	确认
17	测试5	nari	2017-11-14 14:51:48	审核试验	确认
18	测试5	nari	2017-11-14 14:50:24	审核试验	确认
19	测试5	nari	2017-11-14 14:46:26	审核试验	qr
20	测试5	nari	2017-11-14 14:45:46	审核试验	确认
21	测试5	nari	2017-11-14 14:44:37	审核试验	确认

显示第 1 到第 24 条记录，总共 65 条记录 每页显示 24 条记录

‹ 1 2 3 ›

图 8-19 测试记录子模块